BestMasters

Mit **„BestMasters“** zeichnet Springer die besten Masterarbeiten aus, die an renommierten Hochschulen in Deutschland, Österreich und der Schweiz entstanden sind. Die mit Höchstnote ausgezeichneten Arbeiten wurden durch Gutachter zur Veröffentlichung empfohlen und behandeln aktuelle Themen aus unterschiedlichen Fachgebieten der Naturwissenschaften, Psychologie, Sozialwissenschaften, Technik und Wirtschaftswissenschaften. Die Reihe wendet sich an Praktiker und Wissenschaftler gleichermaßen und soll insbesondere auch Nachwuchswissenschaftlern Orientierung geben.

Springer awards **“BestMasters”** to the best master’s theses which have been completed at renowned Universities in Germany, Austria, and Switzerland. The studies received highest marks and were recommended for publication by supervisors. They address current issues from various fields of research in natural sciences, psychology, social sciences, technology, and economics. The series addresses practitioners as well as scientists and, in particular, offers guidance for early stage researchers.

Marvin zur Mühlen

Auswertung historischer Sternspektren

Moderne Mittel und didaktische Einsatzszenarien

Springer Spektrum

Marvin zur Mühlen
Universität Siegen
Siegen, Deutschland

ISSN 2625-3577 ISSN 2625-3615 (electronic)
BestMasters
ISBN 978-3-658-50161-7 ISBN 978-3-658-50162-4 (eBook)
https://doi.org/10.1007/978-3-658-50162-4

Die Deutsche Nationalbibliothek verzeichnet diese Publikation in der Deutschen Nationalbibliografie; detaillierte bibliografische Daten sind im Internet über https://portal.dnb.de abrufbar.

Planung/Lektorat: Karina Kowatsch
Springer Spektrum ist ein Imprint der eingetragenen Gesellschaft Springer Fachmedien Wiesbaden GmbH und ist ein Teil von Springer Nature.
Die Anschrift der Gesellschaft ist: Abraham-Lincoln-Str. 46, 65189 Wiesbaden, Germany

Vielen Dank an das Argelander-Institut für das Bereitstellen der historischen Spektren von Friedrich Küstner

NGC 6914 Komplex und Umgebung. (Eigene Aufnahme aus Juli 2024)

Interessenkonflikt Der/die Autor*in hat keine für den Inhalt dieses Manuskripts relevanten Interessenkonflikte.

Inhaltsverzeichnis

1 Einleitung

Seit jeher zieht das Weltall Menschen in seinen Bann. Von einer mit Sternbildern versehenen Kalksteinplatte, die auf das 3. Jahrtausend vor Christus datiert wird (Kurzmann, 2014), hin zu vereinzelten Plänen, wenn sie aus aktueller und vermutlich auch auf längere Sicht noch nicht realistisch scheinen, interstellare Reisen anzustreben (Musk, 2024). Beiden gemeinsam ist jedoch das Interesse an Sternen und die Erkundung des Unbekannten. Eine Methode, die dabei weniger gefährlich scheint, ist die Analyse dessen, was uns täglich aufs Neue zur Verfügung gestellt wird: das Licht der Sterne. Und auch wenn es vergänglich scheint, im wahrsten Sinne, wurden Methoden entwickelt, ihr Licht nicht nur „festzuhalten" sondern auch aufzuspalten. Mit den aus dem Spektrum gewonnenen Informationen können verschiedenste Eigenschaften der Sterne bestimmt werden. Aber auch unseren Standpunkt im Universum, kann das Spektrum eines Sterns, unter bestimmten Voraussetzungen, zumindest präzisieren.

> „Durch die Bestimmung der Sonnenparallaxe mit Hilfe der Spektrographie wird ein neues festes Band zwischen Astrophysik und Astrometrie geknüpft, geeignet, diese beiden Zweige der Astronomie … eng miteinander zu verbinden, zum Nutzen beider."
> (Küstner, 1905, S. 264)

1905 veröffentlichte Friedrich Küstner eine Methode, mithilfe derer er die Astronomische Einheit bestimmen konnte. Für die Methode nahm er Spektren desselben Sterns (in seiner Veröffentlichung sind es Spektren des Arktur) innerhalb zwei bestimmter Zeiträume innerhalb eines Jahres auf. Aus der Linienverschiebung im Spektrum, die sich aus der Bewegung der Erde um die Sonne ergibt, konnte er erst die Geschwindigkeit der Erde auf ihrer Bahn und daraus die Astronomische Einheit bestimmen. Küstner nahm nicht nur Spektren des Arktur

M. zur Mühlen, *Auswertung historischer Sternspektren*, BestMasters,
https://doi.org/10.1007/978-3-658-50162-4_1

zu diesem Zweck auf, sondern unter anderem auch Spektren von Alpha Persei. Diese 1904 und 1905 aufgenommenen Spektren wurden bisher noch nicht ausgewertet.

Besonderes Potential, sowohl in didaktischer als auch in astronomischer Hinsicht, könnte die Verbindung aus Historie und Moderne entfalten, indem die digitale Auswertung der historischen Spektren nicht nur Erkenntnisse liefern, sondern auch Lernmaterial umfassend anreichern und unter Umständen einen Zugang zu astronomischen Berechnungen wie der Bestimmung der Astronomischen Einheit ermöglichen könnte.

Diese Arbeit widmet sich einem dieser Datensätze, indem die Spektren zuerst digitalisiert werden, dann die Astronomische Einheit aus den digitalisierten Spektren bestimmt wird und ausgehend von den Erkenntnissen und mithilfe didaktischer Grundlagen und Überlegungen Vorschläge für Arbeitsmaterialien, die an Studierende des Master-Studiengangs im Lehramt Physik gerichtet sind, unterbreitet werden. Dafür werden zu Beginn in Kapitel 2 die physikalischen Grundlagen erörtert, die das Verhalten von Licht und dessen Wechselwirkung mit Materie beschreiben, um darauf aufbauend erläutern zu können, wie ein stellares Spektrum entstehen kann und warum sie sich in Klassen einteilen lassen. Daran anschließend werden die Grundlagen zur Aufspaltung und Spektroskopie von Licht angereiht. In ihnen wird unter anderem zwischen verschiedenen Methoden der Aufspaltung unterschieden und auch die Sicherung von Aufnahmen, etwa auf Fotoplatten oder einem Bildsensor, behandelt. Die Grundlagen schließt dann eine Betrachtung der grundlegenden computergestützten Auswertung von Spektren ab. Kapitel 3 behandelt die didaktischen Grundlagen, die vor allem mit Blick auf Studierende in Abgrenzung von Schülerinnen und Schüler Unterschiede aufweisen können. Weiter umreißt es didaktische Ausgestaltungsmöglichkeiten von konstruierten Lernumgebungen. In Kapitel 4 kommen die physikalischen Grundlagen zum Einsatz, indem die historischen Spektren beleuchtet werden. Zuerst in Form der Fotoplatte und nachfolgend im Detail der Prozess des Scannens und das Ergebnis – die digitalisierte Fotoplatte. Weiter wird in einer Software zur Spektralauswertung ein genauer Blick auf die digitalisierten Spektren geworfen und die Astronomische Einheit anhand der zur Verfügung stehenden Spektren bestimmt. Kapitel 5 stellt schließlich das auf den Kapiteln 2, 3 und 4 basierende Arbeitsmaterial vor und begründet die bei der Erstellung des Materials getroffenen didaktischen Entscheidungen. Zum Abschluss wird im Fazit ein Resümee gezogen und diskutiert, wie die Ergebnisse dieser Arbeit erweitert werden könnten.

Ziel dieser Arbeit ist es damit, zum einen zu ermitteln, wie astronomisch relevante historische Aufnahmen digitalisiert werden können, und in einer daran anschließenden Auswertung der digitalen Abbilder zu untersuchen, ob eine Bestimmung der Spektralklasse anhand eines der digitalisierten Spektren oder auch eine Bestimmung der Astronomischen Einheit anhand mehrerer digitalisierter Spektren gelingen kann. Zum anderen soll didaktisches Material entwickelt werden, das sich der historischen Spektren bedient und sie als festen Baustein einer Lernumgebung nutzt.

Physikalische Grundlagen 2

Obwohl Sterne gewaltige Objekte sind, die für menschliche Verhältnisse unerreichbare Energien abstrahlen (im Fall der Sonne das Zweitrillionenfache der von der gesamten Menschheit während des Jahres 2022 gemittelten benötigten Leistung [durch erneuerbare Energien umgesetzte Leistung miteingeschlossen] (Energy Institute, 2023; Williams, 2024)), so kann uns ihr Licht etwas über ihre Atmosphären und auch die Erde betreffende Eigenschaften verraten, von denen zwei in Abschnitt 2.8 im Rahmen der Hintergründe der didaktischen Einsatzszenarien näher vorgestellt werden. Das Spektrum eines Sterns erscheint weitestgehend kontinuierlich, kann jedoch stellenweise Abweichungen in der Intensität aufweisen. Die Ursprünge dieser Einbrüche liegen in der Absorption und Emission von Lichtquanten (Photonen) durch Atome und Moleküle in der Sternphotosphäre, -chromosphäre und -korona. Eine erste Übersicht zur Unterscheidung zwischen kontinuierlichem Profil, Absorptions- und Emissionslinien wird in Abbildung 2.1 gegeben.

Das Kapitel der physikalischen Grundlagen führt in die Hintergründe der Sternspektren und wie diese analysiert werden können, ein. Dazu wird zuerst darauf eingegangen, was Licht ist, wie Emissionslinien entstehen und welche Vorgänge im Atom einer Emission von Photonen vorangehen können. Zusätzlich werden gängige Schreibweisen näher erläutert. Anschließend wird behandelt, in welchen physikalisch wesentlichen Prozessen das stellare Kontinuum seinen Ursprung hat. Daran folgend werden die bis dahin erläuterten Grundlagen in

Ergänzende Information Die elektronische Version dieses Kapitels enthält Zusatzmaterial, auf das über folgenden Link zugegriffen werden kann https://doi.org/10.1007/978-3-658-50162-4_2.

M. zur Mühlen, *Auswertung historischer Sternspektren*, BestMasters,
https://doi.org/10.1007/978-3-658-50162-4_2

Abbildung 2.1 (v.o.n.u.) Kontinuum, Kontinuum mit Absorptionslinien und Emissionslinien. Eigene Darstellungen erstellt mithilfe von Daten aus Pickles (1998)

den Kontext der Sterne eingebettet, indem zuerst an einem Beispiel eines stellaren Spektrums die wesentlichen Bestandteile eines stellaren Spektrums näher betrachtet werden und anschließend die Klassifikation von Sternen bis zur Einführung der MK-Klassifikation umrissen wird. Danach findet eine Einführung in die Grundlagen der Aufspaltung, Aufnahme und Auswertung von Spektren statt. Abschließend werden die für die didaktischen Einsatzszenarien notwendigen physikalischen Prinzipien vorgestellt bzw. näher erläutert.

Anmerkend sei erwähnt, dass die Abfolge der physikalischen Prinzipien, die hier erläutert werden, keiner chronologisch geordneten Hierarchie entsprechen, sondern vielmehr mithilfe des bis heute gesammelten Wissens eine kurze Einführung in die Spektroskopie von Sternen geben sollen.

Da die in dieser Arbeit vorgestellten historischen Spektren einen Bereich zwischen ungefähr 380 nm und 480 nm abdecken, wird sich für die Klärung der physikalischen Prinzipien im Wesentlichen auf den visuellen Bereich zwischen 380 nm und 780 nm beschränkt.[1]

2.1 Die Physik des Lichts

Licht ist ein zentrales Element der Physik, das demjenigen, der es empfängt, ermöglichen kann, Aussagen über den Entstehungsort zu tätigen. Sowohl auf kleinster Ebene wie auf astronomischen Größenskalen kann die Analyse von

[1] Die hier vorgestellten physikalischen Grundlagen basieren auf der nachfolgend genannten Literatur: Demtröder (2016, 2017b); Hecht (2023); Krieger (2023); Scholz (2018); Teubner und Brückner (2024); Wischnewski (2021). Wenn Informationen abweichend gewonnen wurden, so wird dies explizit durch einen Verweis auf die entsprechende Quelle angegeben.

Licht dazu beitragen, physikalische Umstände besser zu verstehen. In der Ideengeschichte der Physik gab es immer wieder Vertreter der Theorie, dass Licht aus Teilchen bestünde (bspw. die Auffassung von Sir Isaac Newton) aber auch die geistigen Kontrahenten, die Licht als Welle sahen, (bspw. Christiaan Huygens). „[D]ass Licht an sich erst einmal gar nichts ist, [sondern] erst durch die Beobachtung zu Etwas [wird]“ (Wischnewski, 2021, S. 685), hat erst die Quantenphysik begründen können. Mit Licht wird allgemeiner derjenige Teil des Spektrums beschrieben, der für den Menschen sichtbar ist. Das ist je nach physischer Konstitution der Augen der Bereich zwischen 380 nm und 780 nm. Da für die Erklärung der in diesem Kapitel behandelten physikalischen Prozesse Licht sowohl als Welle wie auch als Teilchen betrachtet werden muss, sollen nachfolgend beide Aspekte genauer, beginnend mit Licht als Welle, betrachtet werden. Dass das Licht der Sterne uns durch den quasi-leeren Raum erreichen kann, ist darin begründet, dass Licht kein Medium zur Ausbreitung benötigt. Im Wellenbild besteht Licht aus einer elektrischen und einer magnetischen Komponente. Beide Komponenten breiten sich zwar in dieselbe Richtung aus, stehen jedoch orthogonal zueinander (Abbildung 2.2). Die Eigenschaften einer elektromagnetischen Welle lassen sich nach Gleichung (2.1) berechnen. Dabei steht λ für die Wellenlänge, jene Distanz zwischen zwei Wellenbergen oder Wellentälern, v_{Phase} für die Geschwindigkeit, mit der sich einer dieser Berge bewegt (Phasengeschwindigkeit) und ν für die Frequenz.

$$v_{Phase} = \lambda \cdot \nu \tag{2.1}$$

Weiter unterschieden werden muss an dieser Stelle die Gruppengeschwindigkeit. Dies ist jene Geschwindigkeit, mit der sich ein Paket von Wellen durch den Raum bewegt. Für die Gruppengeschwindigkeit gilt als Obergrenze die Lichtgeschwindigkeit[2] c. Da es sich im Falle der elektromagnetischen Wellen, die sich durch das Vakuum bewegen, um harmonische Wellen handelt, gilt $v_{Phase} = v_{Gruppe} = c$, was mit Gleichung (2.1) zu Gleichung (2.2) führt.

$$c = \lambda \cdot \nu \tag{2.2}$$

Wesentliche Eigenschaften des Wellencharakters nutzt die Spektroskopie. Die physikalischen Hintergründe werden in Abschnitt 2.6 an entsprechender Stelle näher beschrieben.

[2] $c = 299792458 \text{ m} \cdot \text{s}^{-1}$, (NIST, 2022d)

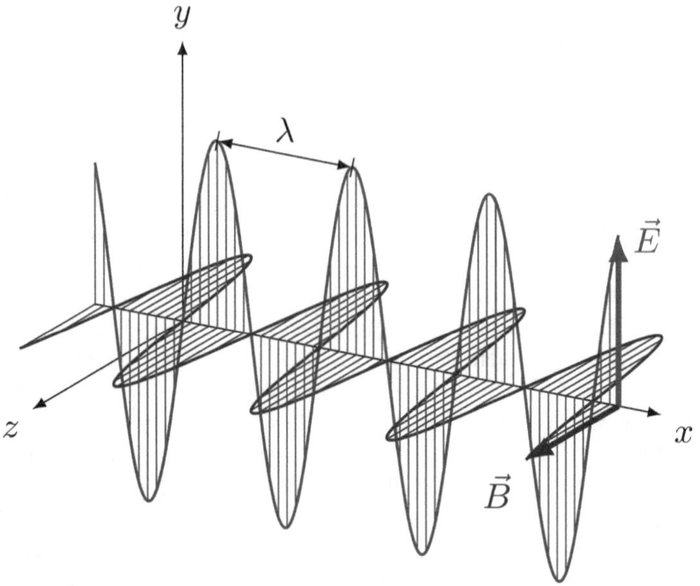

Abbildung 2.2 Elektromagnetische Welle ohne Störfelder im Vakuum (Andlmu, 2017)

Wie schon angedeutet, zeigt Licht je nach Situation auch Verhaltensweisen von Teilchen. In diesem Fall wird von Photonen oder auch Lichtquanten gesprochen. Dem Begriff des Lichtquants wohnt der Aspekt inne, dass es sich bei Photonen um fixe Energiepakete handelt. Die Energie E eines solchen Pakets lässt sich durch Gleichung (2.3) berechnen, wobei h dem Planck'schen Wirkungsquantum[3] entspricht.

$$E = h \cdot \nu \qquad (2.3)$$

Besonders deutlich ist der Teilchenaspekt des Lichts bei Einsteins Folgerungen aus dem photoelektrischen Effekt geworden. Aber auch der Compton-Effekt kann mithilfe des Lichtquants erfolgreich beschrieben werden. Durch eben jene beiden Effekte können unter anderem die Entstehung von Absorptions- und Emissionslinien begründet werden.

[3] $h = 6{,}62607015 \cdot 10^{-34} \cdot J \cdot s$, (NIST, 2022b).

2.2 Absorptions- und Emissionslinien

Die Absorption und Emission wird im Folgenden exemplarisch für den einfachsten Fall, das Wasserstoffatom erläutert. Mit Blick auf die didaktischen Einsatzszenarien soll für diese Arbeit für die Erklärung der Absorptions- und Emissionslinien das Bohr'sche Atommodell für das Wasserstoffatom herangezogen werden. Im Jahr 1859 fanden Kirchhoff und Bunsen in einer gemeinsamen Studie, für die sie ein Spektroskop entworfen haben, heraus, dass Atome nur Licht spezifischer Wellenlängen absorbieren oder emittieren können. Ihrer Ausarbeitung hingen sie eine photographische Platte an, auf der sie die Emissionslinien und das Spektrum der Sonne abgelichtet haben. Eine Komposition zweier Spektren der Platte, das weitestgehend kontinuierliche der Sonne und der Emissionslinien des Natriums wird in Abbildung 2.3 dargestellt.

Abbildung 2.3 Zwei der Spektren, die Kirchhoff und Bunsen in ihrer Studie „Chemical Analysis by Spectrumobservations" veröffentlicht haben. Oben kann das spektroskopierte Sonnenlicht und darunter die Emissionslinien von Natrium gesehen werden (Kirchhoff & Bunsen, 1861, S. 289)

Auf der Suche nach einer Erklärung für die Emission von diskreten Linien schlug Bohr (1913) aufbauend auf den Arbeiten von Rutherford sein Atommodell vor. Dafür entfernte er sich etwas von der Annahme, dass Atome der klassischen Mechanik unterlägen müssen und postulierte Eigenschaften bei Elektronen, die erst die Quantenmechanik klären konnte. In Abbildung 2.4 ist ein Atom mit drei Schalen nach dem Bohr'schen Atommodell dargestellt. Im Zentrum befindet sich der schwere Kern des Atoms. Ihn bildet im Fall des Wasserstoffs ein Proton. Um den Atomkern herum kreist das Elektron auf festgelegten Bahnen. Nach außen ist das nicht-ionisierte Wasserstoffatom elektrisch neutral.

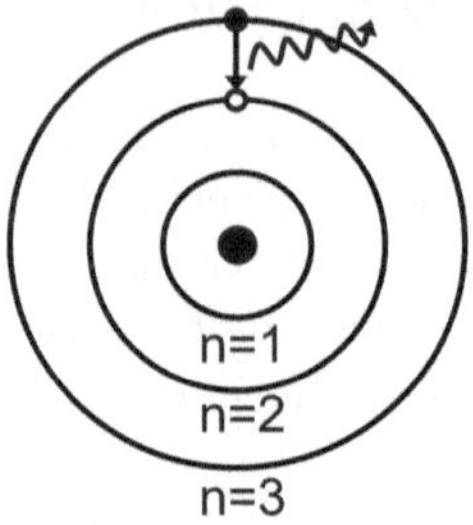

Abbildung 2.4 Das Atommodell nach Bohr. Zusätzlich ist ein Quantensprung eines Elektrons unter Aussendung eines Photons dargestellt

Aufgrund der Tatsache, dass das Elektron durch die beschleunigte Bewegung um den Kern Bremsstrahlung aussenden und infolge des Verlusts von Bewegungsenergie in den Kern stürzen müsste, postulierte Bohr unter anderem, dass sich die Elektronen nur auf fest definierten Bahnen strahlungsfrei um den Kern bewegen könnten. Dass Absorptions- und Emissionslinien bei Atomen beobachtet werden konnten, erklärte Bohr damit, dass Elektronen ihre Bahn wechseln würden. Wenn sie von einer höheren Bahn n_2 (in Abbildung 2.4 $n_2 = 3$) auf eine niedrigere Bahn (in Abbildung 2.4 $n_1 = 2$) springen, emittieren sie ein Photon. Die dafür benötigten Energien ließen sich dann nach Gleichung (2.4) berechnen.

$$E_2 - E_1 = \Delta E = h \cdot \nu \tag{2.4}$$

Wobei ΔE der Energiedifferenz zwischen zwei Anregungszuständen und ν der Frequenz des Photons entspricht. Ist ΔE positiv, wird ein Photon emittiert und entsprechend absorbiert wenn ΔE ein negatives Vorzeichen hat. Der beobachtete Sprung von einer höheren Bahn auf eine niedrigere lässt sich entsprechend Gleichung (2.5), die Balmer zu den Emissionslinien des Wasserstoffatoms empirisch ermittelt hat und Bohr mit seinem Atommodell herleiten konnte, berechnen.

$$\frac{1}{\lambda} = R_\infty \cdot \left(\frac{1}{n_1^2} - \frac{1}{n_2^2}\right) \text{ mit } n_1 = 2 \text{ und } n_2 \geq n_1 + 1 \tag{2.5}$$

Hierbei entspricht λ der Wellenlänge des emittierten, R_∞ der Rydbergkonstante[4] des Wasserstoffs und n_1 bzw. n_2 den Bahnen zwischen denen der Sprung des Elektrons stattfand.

[4] $R_\infty = 1,0973731568157 \cdot 10^7 \cdot m^{-1}$, (NIST, 2022c)

Die einzelnen Übergänge werden nach dem griechischen Alphabet beginnend mit α benannt. In Tabelle 2.1 wurden die möglichen diskreten Wellenlängen, die beim Zurückfallen eines Elektrons von n_2 auf n_1 im Wasserstoffatom durch das Elektron emittiert werden können, nach Gleichung (2.5) berechnet.

Tabelle 2.1 Übergänge im Wasserstoffatom (eigene Rechnung nach Gleichung (2.5), die Werte der Wellenlänge und Energie sind auf die zweite Nachkommastelle gerundet. Die Energie wurde nach $E = \frac{h \cdot c}{\lambda \cdot e}$ bestimmt)[5]

Übergang n_2 nach n_1	$3 \rightarrow 2$	$4 \rightarrow 2$	$5 \rightarrow 2$	$6 \rightarrow 2$	$7 \rightarrow 2$	$8 \rightarrow 2$
Name der Linie	H_α	H_β	H_γ	H_δ	H_ε	H_ζ
Wellenlänge [nm]	656,11	486,01	433,94	410,07	396,91	388,81
Energie [eV]	1,89	2,55	2,86	3,02	3,12	3,19

Wenn ein Atom seinen Zustand vom energetisch niedrigsten zu einem energetisch höhergelegenen Nieveau wechselt, wird von Anregung gesprochen. Die Anregung von Atomen kann über Prozesse wie die Stoßanregung oder Absorption elektromagnetischer Strahlung stattfinden. Ist die Energie, die dabei auf das Elektron in der Atomhülle übertragen wird, höher oder gleich der Ionisationsenergie, wird ein Elektron aus der Atomhülle entfernt. Das ehemalig nach außen hin neutrale Atom ist nun nach außen hin negativ geladen und erhält die Bezeichnung Ion. Fängt ein solches Ion wieder ein Elektron ein, wird von Rekombination gesprochen. Die bei der Rekombination freiwerdene Energie des Elektrons wird als elektromagnetiche Strahlung emittiert. Dieser Prozess wird in Abschnitt 2.3 für die Erklärung der Entstehung des kontinuierlichen Spektrum der Sterne relevant.

Die einzelnen Prozesse zur Anregung sollen im Folgenden näher erläuert werden, jedoch mit Blick auf die in Kapitel 5 vorgestellten didaktischen Einsatzszenarien und ihre entsprechenden Rahmenbedingungen kompakt gehalten werden. Eine erste Unterteilung der Prozesse zur Anregung erfolgt zwischen Wechselwirkungen von Atomen mit geladenen Teilchen wie unter anderem freien Elektronen oder Protonen und von Atomen mit Photonen als Partner für die Wechselwirkung[6]. Die verschiedenen Prozesse sollen durch die Abbildungen 2.5

[5] $e = 1{,}602176634 \cdot 10^{-19} \cdot C$, (NIST, 2022a).

[6] Eine weitere Unterteilung würde sich aus Wechselwirkungen mit dem Atomkern und Wechselwirkungen mit den Hüllenelektronen ergeben. Jedoch liegen die in der Abregung des Kerns begründeten Photonen im Bereich der Röntgen- und Gammastrahlung und damit außerhalb des hier betrachteten Intervalls.

und 2.6 veranschaulicht werden, wobei zuerst auf die Wechselwirkungsprozesse mit geladenen Teilchen eingegangen werden soll. Durch die Wechselwirkung zwischen Atomen und geladenen Teilchen kann es zu Prozessen kommen, die das Atom anregen. Nach dem Bohr'schen Atommodell wechselt das Elektron des Atoms seine Bahn und nimmt, je nach der Menge der durch die Wechselwirkung übertragenen Energie, ein höheres Energieniveau ein (siehe für die nötigen Energien im Wasserstoffatom auch Tabelle 2.1) oder wird beim Überschreiten der nötigen Ionisationsenergie (13,6 eV beim Wasserstoff im Grundzustand) aus dem Atom entfernt. Die Wechselwirkung zwischen den geladenen eintreffenden Teilchen und dem Atom kann dabei über Coulomb-Wechselwirkung oder direkte Stöße mit Hüllenelektronen stattfinden. Bei der Coulomb-Wechselwirkung wechselwirken die eintreffenden Teilchen über ihre elektrischen Felder. Die konkret stattfindenden Wechselwirkungen hängen davon ab, welche Entfernung das einlaufende Teilchen zum Stoß- bzw. Wechselwirkungszentrum hat (Abbildung 2.5).

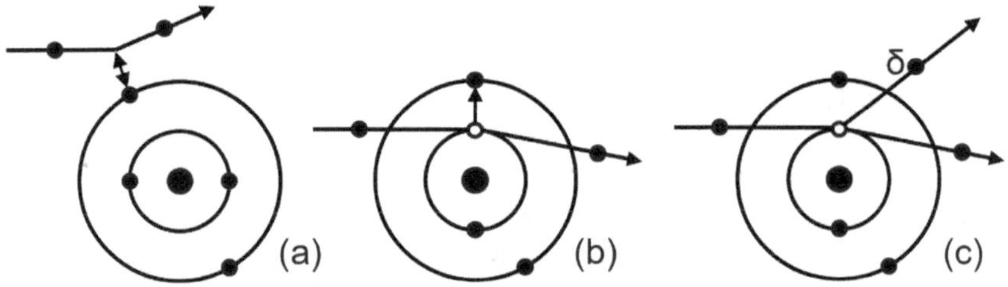

Abbildung 2.5 Mögliche Wechselwirkungen einlaufender geladener Teilchen mit den Hüllenelektronen eines Atoms

Bei Entfernungen von $r \gg r_{Atom}$ (Abbildung 2.5 (a)) können Elektronen unter Energieverlust des einlaufenden Teilchens angeregt werden und damit ein höheres Energieniveau annehmen. Wenn der Fall $r \approx r_{Atom}$ eintritt, kann es dazu kommen, dass das einlaufende Teilchen direkt auf ein Hüllenelektron trifft. Bei entsprechender Energie kann das Atom durch den Stoß angeregt werden (Abbildung 2.5 (b)). Wenn die Energie des einlaufenden Teilchens groß genug ist, kann das Atom ionisiert werden. Das gestoßene Hüllenelektron verlässt die Atomhülle als Delta-Elektron (Abbildung 2.5 (c)). Die aus dem Stoß überschüssige Energie erhält das Elektron als kinetische Energie.

Die Anregung durch Photonen mit schwach gebundenen Elektronen der Atomhülle bzw. mit dem Atom kann über den Compton-Effekt oder die Absorption von Photonen durch das Atom stattfinden. Beim Compton-Effekt (Abbildung 2.6) wird ein Photon an einem freien oder quasi-freien Elektron gestreut.

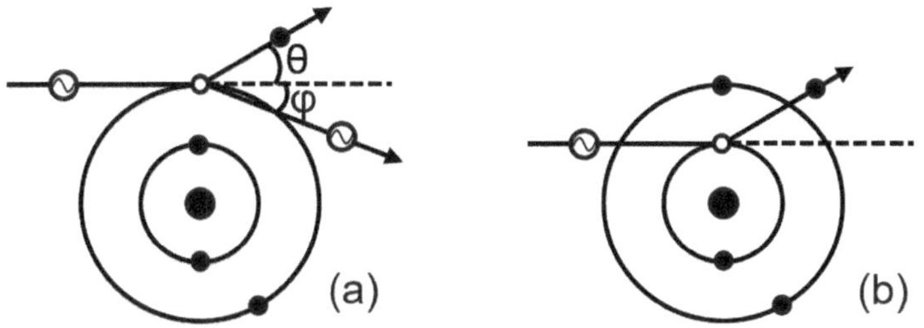

Abbildung 2.6 Schematische Darstellung des Compton-Effekts (a) und des Photoeffekts (b) im Bohr'schen Atommodell

Das Photon überträgt dabei je nach Streuwinkel φ Energie auf das Elektron und verliert dabei den entsprechenden Teil seiner Energie. Ist die Energie hoch genug, kann das Elektron der Atomhülle angregt oder ionisiert werden. Die Änderung der Energie ist für $\varphi \approx 0°$ minimal und für $\varphi = 180°$ maximal. Bei der Absorption eines Photons durch ein Hüllenelektron kann das Atom entweder angeregt oder ionisiert werden (Photoeffekt). Kam es zur Ionisation, wird die überschüssige Energie in kinetische Energie des Elektrons umgewandelt. Im Gegensatz zur inelastischen Streuung an freien Elektronen, quasi-freie ausgeschlossen, oder der Ionisation durch Absorption eines Photons sind keine kontinuierlichen Energieübertragungen erlaubt sondern nur spezifische (siehe dazu auch die eingetragenen Energien in Tabelle 2.1)[7]. Das angeregte Atom kehrt nach einer „Lebensdauer" genannten Zeit in den energetisch günstigsten Zustand unter Emission eines Photons mit entsprechender Frequenz (Gleichung 2.4) zurück (Abbildungen 2.3 unten und 2.4).

Alle genannten Prozesse können unter anderen zum Spektrum eines Sterns beitragen. Eine weitere Differenzierung, die an dieser Stelle in Bezug auf die Elemente vorgenommen werden soll, ist die Unterscheidung von in der Astronomie gängigen Schreibweisen. Bisher wurden namentlich nur jene Emissionslinien genannt, die vom neutralen Wasserstoffatom stammen (siehe Tabelle 2.1). Wie schon in diesem Kapitel erwähnt, kann die Energie eines bspw. absorbierten Photons so groß sein, dass ein Elektron aus dem Atom entfernt und damit das Atom ionisiert wird. Für die Beschreibung ionisierter Zustände werden die römischen Zahlen herangezogen. So entspricht HI dem neutralen Wasserstoff, HII dem einfach ionisierten Wasserstoff und analog bspw. OIII dem zweifach ionisiertem Sauerstoff. Auf diese Weise lassen sich auch schwerere Elemente wie

[7] Konkreter wechselwirken die Photonen mit dem gesamten Atom. Aufgrund des Impulserhaltungssatzes muss das Photon eine etwas höhere Frequenz aufweisen als die zur reinen Anregung des Atoms notwendige Frequenz.

Eisen (Bspw. FeXIV) effizient in ihrem Ionisationsgrad beschreiben. Eine Alternative stellt die Schreibweise mithilfe Pluszeichen dar (Bspw. O ++), diese wird in dieser Arbeit jedoch nicht verwendet.

2.3 Der Ursprung der sichtbaren elektromagnetischen Strahlung der Sterne

Sterne sind durch ein Wechselspiel aus Strahlungsdruck und Gravitation stabilisierte Körper. Grundsätzlich lässt sich ein Stern in Sternatmosphäre und Sterninneres unterteilen. Die Energie, die ein Stern in Form von Strahlung aussendet, hat ihren Ursprung als Nebenprodukt in Fusionsprozessen, die im Innern eines Sterns stattfinden können. Dort ist der Druck am höchsten und Kernfusion wird möglich. Ausgehend vom Kern eines Sterns lässt sich der Aufbau in verschiedene Zonen aufteilen. In Abbildung 2.7 wird der Aufbau der Sonne ausgehend vom Zentrum bis zur Chromosphäre dargestellt. Der Druck nimmt vom Sternzentrum mit anwachsendem Radius genauso wie die Temperatur und die Dichte immer weiter ab. In der Sonnenatmosphäre nimmt mit steigendem Radius die Dichte immer weiter ab und die Temperatur nach dem Temperaturminimum am definierten Ende der Photosphäre immer weiter zu.

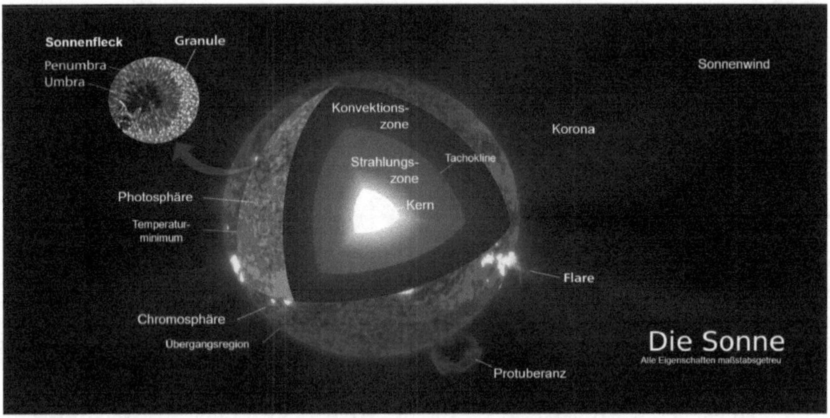

Abbildung 2.7 Illustrierter Aufbau eines Sterns am Beispiel der Sonne (Kelvin13 & Mputzlocher, 2019).

Die Grenze zwischen Stern und interstellarem Medium verläuft dabei fließend. Die Übergangszone zwischen Stern und Sternatmosphäre wird Photosphäre genannt. Ihr Beginn kann auch als Sternoberfläche bezeichnet werden. In dieser Schicht nimmt die Opazität für sichtbares Licht nach außen immer weiter ab. Der Photosphäre soll in diesem Abschnitt besondere Aufmerksamkeit zuteilwerden, da sie der schmale Bereich eines Sterns ist, dem ein Großteil der beobachtbaren Merkmale eines Sternspektrums entspringt.

Die Festlegung der unteren und oberen Grenze der Photosphäre werden wie schon erwähnt per Definition festgelegt und nicht durch eine beobachtbare Grenze. Den definierten Beginn der Photosphäre bildet derjenige Punkt an dem die optische Dichte τ_ν den Wert 2/3 annimmt. Die optische Dichte ist ein einheitsloses Maß dafür, wie transparent ein Material bei einer bestimmten Frequenz ν ist. Besonders lichtundurchlässige Materialien mit $\tau_\nu >> 1$ werden als „optisch dick" bezeichnet. Materialien, für die $\tau_\nu >> 1$ nicht gilt, als „optisch dünn". Die obere Schwelle zur Chromosphäre wird durch ein auf dem Weg nach außen hin eintretendes Temperaturminimum festgelegt[8]. Da die optische Tiefe von der Frequenz abhängt, verschiebt sich die untere Grenze je nach beobachteter Wellenlänge. Als grobe Regel kann angenommen werden, dass die Höhe der Photosphäre ungefähr 1/1000 des Sternradius gleicht (Scholz, 2018, S. 353). Für die Sonne[9] entspräche das demnach einer Photosphärendicke von ungefähr 695 km. Chemisch zusammengesetzt ist die Photosphäre aus verschiedenen Atomen, Ionen und freien Elektronen. Vor allem den Elektronen kommt eine wichtige Rolle in Bezug auf das Kontinuum zuteil. Eine prinzipielle Konkretisierung der Zusammensetzung ist an dieser Stelle nicht möglich, da es von dem Entwicklungsstadium des jeweiligen Sterns abhängt, aus welchen Elementen und Molekülen sich seine Photosphäre zusammensetzt. Um im Beispiel der Sonne zu bleiben, so besteht ihre zu einem überwiegenden Teil aus Wasserstoff (90.965 %) gefolgt von Helium (8.889 %) (Williams, 2024). Der Photosphäre schließen sich in der Regel die Chromosphäre und dieser wiederum die Korona an. Aufgrund ihrer geringen Dichten und Emissionsstärken tragen diese jedoch keinen beobachtbaren Teil zum kontinuierlichen Spektrum bei, sondern liefern viele diskrete unter Umständen (wie bspw. während einer totalen Sonnenfinsternis) sichtbare und messbare Emissionslinien.

---

[8] Bei besonders heißen Sternen ($T_{eff} \gtrsim 8000$ K) hingegen wird diese Grenze durch das Überschreiten der lokalen Schallgeschwindigkeit des stellaren Plasmas durch den Sternwind gebildet.

[9] $R_\odot = 695700$ km, (Williams, 2024).

Emissionslinien entspringen meist aus gebunden-gebunden Übergängen. Diese gebunden-gebunden Übergänge sind für jedes Element diskret. Daher können sie nicht der Ursprung des kontinuierlichen Spektrums eines Sterns sein. Die Ursache für die Entstehung des spektralen Kontinuums, das die Photosphäre sonnenähnlicher Sterne aussendet, war lange nicht geklärt. Wildt (1939) schlug das negative Wasserstoff-Ion (H^-) als den das kontinuierliche Spektrum ermöglichenden Baustein vor. Es ist vorab anzumerken, dass auch dieser Prozess nicht alleinig für das Kontinuum eines Sterns verantwortlich ist. Vielmehr ist es eine Überlagerung verschiedener Prozesse, die dazu führt, dass Sterne Kontinuen aussenden. Jedoch trägt der angemerkte Prozess bei der Sonne einen „nicht unbeträchtliche[n] Teil" (Scholz, 2018, S. 251) zu ihrem Licht bei, weshalb er exemplarisch an dieser Stelle behandelt werden soll. Zwischen neutralen Wasserstoffatomen und Elektronen kann es durch Rekombination zu negativen Wasserstoff-Ionen kommen. Die Elektronenaffinität eines zusätzlichen Elektrons an das Wasserstoffatom beträgt dabei (den Fehler außer Acht gelassen) 0,754195 eV (Lykke et al., 1991, S. 6107). Die überschüssige Bewegungsenergie des Elektrons $E_{kin}(e^-)$ wird dabei zur Energie des emittierten Photons hinzuaddiert (Gleichung 2.6).

$$h \cdot \frac{c}{\lambda} = E_{kin}(e^-) + 0{,}754195\ \text{eV} \tag{2.6}$$

Mit $E_{kin}(e^-) = 0$ ergibt sich eine untere Schranke der Wellenlänge von etwa 1643 nm. Eine obere Schranke der Energie lässt sich nicht konkret angeben, da die mittlere Geschwindigkeit der Elektronen von der Temperatur der Photosphäre abhängt. Das gibt einen ersten Hinweis darauf, wie die Intensitätsverteilung eines Sternspektrums mit der Temperatur des Sterns verknüpft ist. Unter anderem dieser Umstand wird in dem nachfolgenden Kapitel behandelt.

2.4 Stellare Spektren, ihr Profil und mögliche Beeinflussung durch Materie

Nachfolgend soll für die nähere Betrachtung von Sternspektren das Spektrum des Sterns Vega (α Lyrae) beleuchtet werden. Dazu sei aber angemerkt, dass das Licht, das von einem Stern durch einen Beobachter empfangen wird, erst in seine Anteile zerlegt werden muss. Wie eine solche Zerlegung unter anderem gelingen kann, wird in Abschnitt 2.6, in dem die Spektroskopie näher erläutert wird, behandelt. Bis zur Aufspaltung wird das Licht wie in Abbildung 2.8 empfangen. Das Bild wurde mithilfe eines Newton-Spiegelteleskops aufgenommen und entsprechend seiner Bauart befinden sich rechtwinklig Streben in seinem Strahlengang, die den Sekundärspiegel halten. Durch Beugung des Lichts an diesen Fangspiegelstreben können die auffälligen Kreuze um die Sterne herum entstehen. Bei näherer Betrachtung kann dabei auffallen, dass diese Beugungsmuster die Farbe der Sterne in ihre Bestandteile zerlegen und so das Spektrum des Sterns offenbaren können. Beim Stern Vega selbst ist es nicht sichtbar, da Vegas relative Helligkeit so groß ist, dass bei der Nachbearbeitung des Bildes die Spektralfarben in dem Beugungsmuster beinahe ausbrennen. Daher wurde ein Stern ähnlicher Spektralklasse auf der rechten Seite vergrößert dargestellt. Bei ihm können die Spektralfarben in dem ihn umgebenden Beugungsmuster betrachtet werden.

Abbildung 2.8 Eigene Aufnahme vom 09.05.2024 vom Stern Vega durch einen UV/IR-Block Filter an einem 150 mm Newton-Spiegelteleskop mit einer ToupTekATR2600C (30 Lights zu je 60 s bei Gain 0). Im Zentrum Vega mit Auswahlrechteck mittig oben um den Stern HD 172449. Beide Sterne gehören der Spektralklasse A0 an ("* Alf Lyr," 2000; "HD 172449," 2000). Um die Farbe zu erhalten, wurde das Bild lediglich spektrophotometrisch farbkalibriert und das Histogramm danach leicht angepasst

Bevor in Abbildung 2.9 das Spektrum des Sterns Vega systematisch betrachtet wird, sei an dieser Stelle etwas über den Ursprung von Absorptionslinien in

Kontinuen erwähnt. Intuitiv wäre es zu erwarten, dass das von der Photosphäre stammende Kontinuum bis zum Beobachter kontinuierlich bleibt, da die angeregten Atome nach ihrer Lebensdauer in ihren Grundzustand zurückkehren und ein Photon entsprechender Energie emittieren. Jedoch wäre einer solchen Vorstellung vorausgesetzt, dass die Emission in jene Richtung erfolgt, die das Photon ursprünglich innehatte. Da die Richtung der Emission aber zufällig verteilt ist und Photonen bspw. auch in die entgegengesetzte Richtung emittiert werden können, kann die Intensität eines Kontinuums an eben jener Stelle geringer als erwartet sein. In Abbildung 2.9 wird das Spektrum eines A0V Sterns (wie Vega einer ist) dargestellt. Deutlich ausgeprägt sind jene Linien, die das Wasserstoffatom durch Absorption und Emission von Photonen entsprechender Energie hinterlässt. Diese Wellenlängen entsprechen eben derer durch Gleichung 2.5 berechneten (vgl. auch Tabelle 2.1)[10]. Auffällig ist außerdem, dass sich die Absorptionslinien, die dem Wasserstoffatom zugeordnet werden können, zum Kurzwelligen hin häufen. Das steht damit in Zusammenhang, dass sich die Energie immer weiter der Ionisationsenergie des neutralen Wasserstoffatoms annähert.

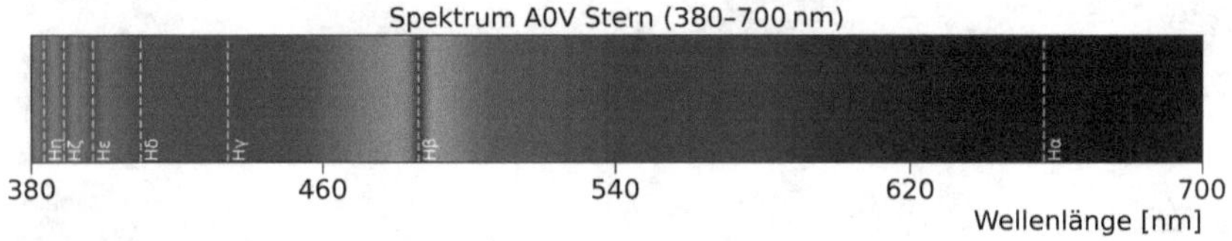

Abbildung 2.9 Spektrum eines A0V Sterns. Eigene Darstellung, erstellt aus Pickles (1998)

Wird die Wellenlänge des Spektrums gegen seine Intensität aufgetragen, kann das Spektrum tiefergehend analysiert werden. Genauere Beschreibungen zu diesem Prozess werden in Abschnitt 2.7, in dem eine Einführung in die Auswertung von Spektren stattfindet, gegeben. An dieser Stelle soll auf die physikalischen Hintergründe der Auffälligkeiten, die Spektren mit sich tragen können, eingegangen werden. Abbildung 2.10 zeigt den Intensitätsverlauf des Spektrums von Vega. Ein solches Diagramm wird Spektrallinienprofil genannt. Das Diagramm basiert dabei auf denselben Daten wie Abbildung 2.9. Durch die Darstellung als Spektrallinienprofil wird jedoch deutlich, wie ausgeprägt die einzelnen Absorptionslinien sind.

[10] Die tatsächlich gemessenen Werte weichen etwas von den mit Gleichung 2.5 berechneten Werten ab (Wiese & Fuhr, 2009, S. 570), sollen für diese Erklärung aber hinreichend genau sein.

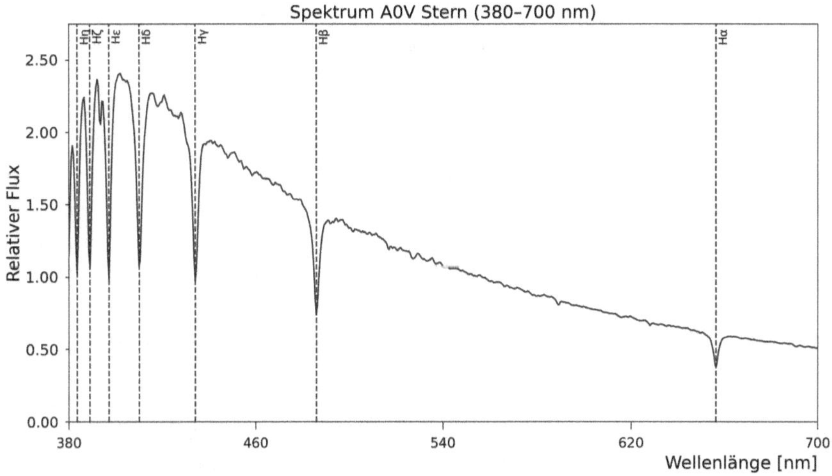

Abbildung 2.10 Spektrum eines A0V Sterns im Diagramm. Aufgetragen wurde die Wellenlänge (aufgrund der Kohärenz wurden die Daten von Å in nm umgerechnet) gegen den relativen Flux. Außerdem wurden die Absorptionslinien des Wasserstoffatoms annotiert und der ungefähre Verlauf des Kontinuums nachgezeichnet. Eigene Darstellung, wie auch Abb. 2.9, erstellt aus Daten von Pickles (1998)

Weiter lässt sich (wie auch in Abbildung 2.9 schon erahnbar) erkennen, dass die Absorptionslinien keinesfalls scharf sind, sondern einen Bereich von Wellenlängen überstreichen. Eine nähere Betrachtung des Spektrums findet im weiteren Verlauf dieses Kapitels, bevor in die Grundlagen der Spektral- und Leuchtkraftklassen eingeführt wird, statt. Zuerst soll sich dem Spektrum jedoch im Ganzen genähert werden. Dazu wurde in Abbildung 2.10 durch den Autor eine Linie eingetragen, die den groben Verlauf der Intensität des Spektrums nachzeichnen soll. Die überlagerte Linie zeigt vom langwelligen Bereich aus kommend einen kontinuierlich steigenden Verlauf mit einem Maximum hinter 400 nm und einem daran anschließenden Abfallen der Intensität. Dieser Verlauf ähnelt nicht grundlos der Intensitätsverteilung der Strahlung eines Schwarzen Körpers. Das Spektrum eines Sterns kann daher Informationen über seine Temperatur preisgeben. Da Sterne keine feste Oberfläche haben, lässt sich die Temperatur nicht wie bei der Oberfläche der Erde messen (abgesehen davon, dass solch ein Messinstrument in der Lage sein müsste, die Messdaten noch rechtzeitig zu übermitteln), dennoch erlaubt die Tatsache, dass sie in grober Näherung als Schwarzer Strahler gesehen werden können, Aussagen darüber, wie groß ihre effektive Temperatur ist. Ein Schwarzer Körper ist ein theoretisches Objekt. Er absorbiert jegliche eingehende elektromagnetische Strahlung vollständig und im Gleichgewichtsfall emittiert er elektromagnetische Strahlung entsprechend seiner Temperatur. Die Verteilung der Intensität unterliegt dabei dem Planck'schen Strahlungsgesetz. Dabei gilt nach dem Wien'schen Verschiebungsgesetz, dass sich das Intensitätsmaximum des emittierten Spektrums mit steigender Temperatur zu niedrigeren Wellenlängen hin verschiebt. In Abbildung 2.11 werden die erwähnten Zusammenhänge zwischen dem Wien'schen Verschiebungsgesetz und dem Planck'schen Strahlungsgesetz gezeigt. Zusätzlich sind das Wien'sche Strahlungsgesetz für die Beschreibung der emittierten elektromagnetischen Strahlung bei hohen Temperaturen und das Rayleigh-Jeans-Gesetz für die Beschreibung der emittierten Strahlung bei niedrigen Temperaturen angegeben. Die effektive Temperatur eines Sterns ist nun diejenige Temperatur, die ein Schwarzer Körper mit derselben Strahlungsleistung wie der Stern besitzt. Der Wert der effektiven Temperatur kann dementsprechend aus dem Spektrum eines Sterns annähernd gefolgert werden, indem die Wellenlänge des Maximums der Intensität bestimmt und mithilfe des Wien'schen Verschiebungsgesetztes die effektive Temperatur berechnet wird.[11]

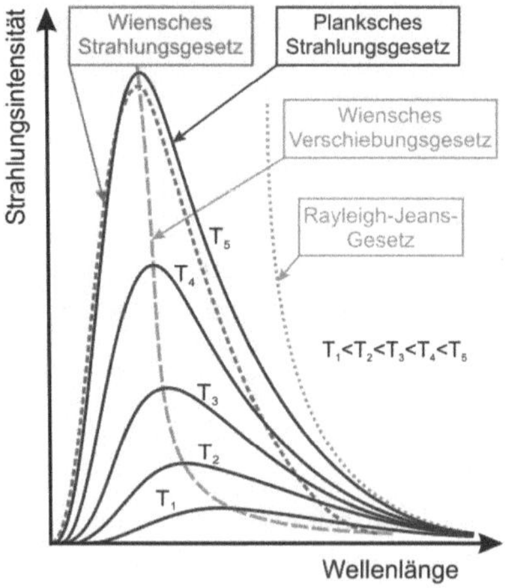

Abbildung 2.11 Beziehung zwischen dem Planck'schen Strahlungsgesetz, dem Rayleigh-Jeans-Gesetz, dem Wien'schen Strahlungsgesetz und dem Wien'schen Verschiebungsgesetz (Fraunhofer-Gesellschaft zur Förderung der angewandten Forschung e. V. et al., o. D.)

[11] Da die in dieser Arbeit untersuchten Spektren nur ein kurzes Intervall von Wellenlängen abdecken, wird auf eine tiefergehende Ausführung in Bezug auf die Strahlungsleistung und die effektive Temperatur eines Sterns an dieser Stelle verzichtet. Weiterreichende Informationen können in Wischnewski (2021) oder auch Demtröder (2017b) gefunden werden.

Werden die Absorptionslinien in den Abbildungen 2.9 und 2.10 genauer betrachtet, kann auffallen, dass ihr Aussehen im Widerspruch zu der in Abschnitt 2.2 (Absorptions- und Emissionslinien) dargestellten Theorie zur Entstehung von Absorptionslinien stehen. Um die dahinterliegenden Phänomene zu beschreiben, sei der Fokus im Folgenden auf das mit H_α annotierte Teilprofil gerichtet. Absorptions- und auch Emissionslinien sind nicht haargenau auf eine Wellenlänge beschränkt. Ein Linienprofil besteht meist aus einem Linienkern und Linienflanken. Bei der beobachteten Absorptionsline von H_α befindet sich der Linienkern im Zentrum der Absorptionslinie, an jedem Punkt, an dem die Intensität am niedrigsten bzw. die Absorption am stärksten ist. Die Linienflanken können sich jeweils rechts und links vom Linienkern anschließen und verlaufen dabei stetig steigend, bis sie die Intensität des Kontinuums wieder erreicht haben. Der genaue Verlauf des Profils kann sich dabei aufgrund verschiedener Faktoren, die unterschiedlich stark Einfluss auf die Form der Linie haben können, aus verschiedenen Linientypen zu einem Voigt-Profil zusammensetzen. Im Wesentlichen sind das Gaußprofile und Lorentzprofile. An dieser Stelle soll sich jedoch auf das Gaußprofil konzentriert werden, da dies in den meisten Fällen das dominante Profil ist. Der Vollständigkeit wegen sei trotzdem erwähnt, dass auf kleinster Ebene die Heisenberg'sche Energie-Zeit-Unschärferelation zu einer natürlichen Verbreiterung der Linien führt und ein Lorentzprofil beschreibt. Durch die in Abschnitt 2.2 beschriebene Lebensdauer der angeregten Zustände, kann es zu energetischen Differenzen bei der Emission des Photons kommen. Mit Gleichung 2.3 resultiert daraus eine Verbreiterung der Emissionsline zu einem Emissionsintervall. Für die H_α-Linie beträgt diese natürliche Linienbreite etwa $4,6 \cdot 10^{-5}$ nm (Scholz, 2018, S. 276). Weitere Mechanismen, die zur Linienverbreiterung führen können, sind unter anderem die thermische Doppler-Verbreiterung und die Druckverbreiterung[12]. Da der Doppler-Effekt ein wesentliches Element der in dieser Ausarbeitung vorgestellten Materialien darstellt, wird er in Abschnitt 2.8 noch einmal ausführlicher beschrieben. Grundlegend kann Licht Rot- oder Blauverschoben werden, wenn sich der Beobachter oder die Lichtquelle relativ zueinander bewegen. Dabei wird das Licht rotverschoben, wenn sich Beobachter und Quelle voneinander wegbewegen und blauverschoben, wenn sie sich einander annähern. Die Effektstärke steigt in die entsprechende Richtung mit der relativen Geschwindigkeit. Im Falle der thermischen Doppler-Verschiebung entspringt sie der Brown'schen Molekularbewegung, die mit steigender Temperatur stärker wird. Die Teilchen eines Gases

[12] Weiter können der Zeeman-Effekt zu einer Aufspaltung der Linien und die Doppler-Verbreiterung induziert durch Rotation zu einer Verschmierung der Absorptionslinie führen.

können sich regellos bewegen. Ihre absoluten Geschwindigkeiten sind dabei um einen Durchschnittswert herum verteilt. Beschrieben werden kann diese mittlere Teilchengeschwindigkeit nach der Maxwell-Boltzmann-Verteilung. Zusammengenommen ergibt sich damit für die Halbwertsbreite $\Delta\lambda$ (Breite des Gaußprofils bei halber Höhe bzw. Tiefe) einer Spektrallinie λ bei einer Temperatur T Gleichung 2.7 (Wischnewski, 2021, S. 334).

$$\Delta\lambda = 3,568 \cdot 10^{-7} \cdot \lambda \cdot \sqrt{T} \tag{2.7}$$

Die Halbwertsbreite, die nur aus der thermischen Doppler-Verbreiterung resultiert, ergibt sich für die H_α-Linie des Stern Vega mit Gleichung 2.7 und $T_{Vega} \approx 7557K$ (Peterson et al., 2006, S. 9) zu $\Delta\lambda \approx 0{,}0203$ nm. Wird dieser Wert der natürlichen Linienbreite gegenübergestellt, kann deutlich werden, dass er ein Vielfaches der durch die Energieunschärfe verursachten Verbreiterung beträgt. Die Druckverbreiterung findet vorwiegend über Stöße statt[13]. Bei der Druckverbreiterung durch Stöße, die besonders häufig in einem dichten heißen Gas stattfinden können, kommt es zu einer Verbreiterung der Spektrallinie, wenn die mittlere Zeit zwischen den Stößen in derselben Größenordnung wie die mittlere Lebensdauer liegt. In diesem Fall kann es zu einer erhöhten Energieunschärfe

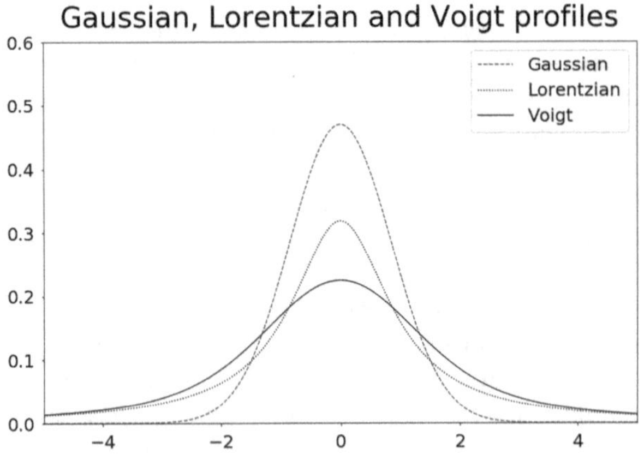

Abbildung 2.12 Grafischer Vergleich der verschiedenen Linienprofile (Vallastro, 2021)

[13] Ein Anteil der beobachteten Verbreiterung kann aber auch durch den Stark-Effekt induziert werden. Tiefergehende Informationen können unter anderem in Burkart (2002) gefunden werden.

kommen. Nachfolgend werden in Abbildung 2.12 die beschriebenen Linienprofile gegenübergestellt.

Die vorgestellten Effekte auf die Linienprofile eines Sternspektrums können zahlreiche Informationen über die Eigenschaften des Sterns beinhalten. Unter diesen Eigenschaften sind solche Parameter wie die Temperatur, die Häufigkeit chemischer Elemente, die Druckverhältnisse in der Photosphäre aber auch Informationen über seine Rotationsgeschwindigkeit (mittels des Doppler-Effekts) oder die Stärke von Magnetfeldern (bspw. in Sonnenflecken).

Ein Spektrum kann außerdem durch Materie, die zwischen dem Beobachter und dem Stern liegt, modifiziert werden. Dabei muss die Materie nicht dicht beim Stern liegen, sondern kann auch in nächster Nähe zum Teleskop stehen. Eine Unterscheidung kann zwischen interstellarer Materie und der Atmosphäre der Erde vorgenommen werden, wobei beide Arten ähnliche Einflüsse auf das Sternspektrum nehmen können. Im Folgenden soll kurz darauf eingegangen werden, welche Auswirkungen sie im Wesentlichen auf das Spektrum haben und wie sie teilweise erkannt werden können. Grundsätzlich kann zwischen der Einbringung zusätzlicher Absorptionslinien und Schwächung des Spektrums unterschieden werden. Erstere können entstehen, wenn es zur Anregung durch und Emission von Photonen kommt. Absorptionslinien und auch ganze Absorptionsintervalle, die auf diese Weise durch die Erdatmosphäre entstehen können, werden tellurische Linien genannt. Weiter kann es zur Rayleigh-Streuung kommen. Elektromagnetische Wellen können immer dann im Sinne der Rayleigh-Streuung an Teilchen gestreut werden, wenn die Teilchen eine Größe von einem Zehntel der Wellenlänge nicht überschreiten. Mit einer Größe zwischen 0,2 nm bis 0,4 nm (Scholz, 2018, S. 68) können die Moleküle der Erdatmosphäre diese Voraussetzung erfüllen. Der Effekt ist eine Abschwächung der Intensität. Die Stärke des Effekts hängt mit der Zenitdistanz und der Höhe über dem Meeresspiegel zusammen.

Ein letzter Aspekt, der an dieser Stelle erwähnt werden soll, ist der Einfluss durch Fremdlicht auf das Spektrum. Eine Untergliederung lässt sich in durch den Mond reflektiertes Licht (ein Spektrum lässt sich in Song (2015) finden) und künstliche Beleuchtung vornehmen. Im Falle der letzteren muss jedoch beachtet werden, dass es sich bei den in dieser Arbeit vorliegenden Spektren um Aufnahmen zu Beginn des 20. Jahrhunderts handelt. Vor allem in den letzten Jahren ist die Menge der künstlichen Beleuchtung rasant angestiegen und durch die Nutzung weißer Leuchtdioden wird ein breiteres Spektrum abdeckt (astrojolo, 2020; Kyba et al., 2023). Eine Akkumulation vieler Sternspektren kann dann

Aufschluss darüber geben, inwiefern sie sich ähneln oder unterscheiden. Sie lassen sich außerdem entsprechend ihrer Eigenschaften und Gemeinsamkeiten in Gruppen klassifizieren.

2.5 Klassifizierung stellarer Spektren

„Ich wollte suchen, ob im Farbbilde von Sonnenlichte ein ähnlicher heller Streif zu sehen sey [sic], wie im Farbenbilde vom Lampenlichte, und fand anstatt … fast unzählig viele starke und schwache vertikale Linien, einige scheinen fast ganz schwarz zu seyn [sic].“ (Fraunhofer, 1815, S. 202).

Fraunhofer entdeckte 1814 während seiner Untersuchungen zu den Eigenschaften eines Prismas einer bestimmten Glasart im Spektrum der Sonne Absorptionslinien und fing an, diese systematisch zu untersuchten. Das von ihm durch das Prisma beobachtete Spektrum ist das wesentliche Ergebnis der bis hierhin vorgestellten physikalischen Grundlagen. Sternspektren sind damit eine Komposition aus einem Kontinuum und ihm aufgeprägten Absorptions- und seltener Emissionslinien, deren Existenz dem Beobachter wesentliche Informationen über den untersuchten Stern vermitteln können. Umfangreiche Einteilungen in Gruppen nahm Pickering und später in Zusammenarbeit mit Cannon ab 1884 vor. Anfänglich wurden die Sternspektren nach der Intensität ihrer Wasserstofflinien eingeteilt. Als Cannon und Pickering (1912) im weiteren Verlauf klar wurde, dass die gesammelten Spektralsequenzen einer Temperatursequenz entsprachen, wurden Umsortierungen vorgenommen und schließlich die heute noch gebräuchliche Hauptsequenz festgelegt:

$$(\mathrm{O}-\mathrm{B})-(\mathrm{A}-\mathrm{F}-\mathrm{G})-(\mathrm{K}-\mathrm{M}).$$

Später folgten weitere Unterteilungen durch Nummerierungen teilweise in halben Schritten von 1 bis 10. Auch diese Unterteilung wurde noch einmal weiter ausdifferenziert durch das Einführen von Buchstaben, beginnend mit „a“. Damit war es möglich, die Sterne in Klassen zu unterteilen, die sowohl Auskunft über ihre chemische Zusammensetzung als auch über ihre Temperatur geben konnten. Dem sogenannten Harvard-System (Tabelle 2.2) unterliegt auch heute noch die Spektralklassifikation von Sternen.

Tabelle 2.2 Harvard-Spektralklassifikation. Die angegebenen Temperaturen sind nur als Anhaltspunkt gedacht (Wischnewski, 2021, S. 327)

Spektraltyp		Temperatur [K]	Merkmale
O	3 ... 9	50000 – 22000	Balmer-Serie schwach, Emissionslinien
B	0 ... 9	21000 – 10000	Balmer-Serie stark
A	0 ... 9	9700 – 7100	Balmer-Serie sehr stark
F	0 ... 9	7200 – 5900	Balmer-Serie stark
G	0 ... 9	6000 – 4800	Balmer-Serie mäßig
K	0 ... 9	4700 – 3400	Balmer-Serie schwach
M	0 ... 9	3350 – 2000	Ca_α sehr stark

Die Harvard-Klassifizierung beachtete jedoch nicht, dass zwei Sterne, die zwar dieselbe Oberflächentemperatur haben, zwei verschiedene Leuchtkräfte aufweisen können wie bspw. Weiße Zwerge und Blaue Riesen, bei denen beide zwar Spektralklasse O, jedoch bedingt durch ihre Radien zwei gänzlich unterschiedliche Leuchtkräfte aufweisen können. Eine Erweiterung der Harvard-Klassifikation, und eine Einführung der Leuchtkraftklasse, nahmen daher Morgan, Keenan und Kellman vor: "We thus introduce a vertical spectral type, or luminosity class; then, for a normal star, the spectrum is uniquely located when a spectral type and a luminosity class are determined" (Morgan et al., 1943, S. 1). Die Leuchtkraft ist die vom Stern über seine gesamte Oberfläche abgestrahlte Leistung. Mit der Harvard-Klassifikation zusammengenommen ließen sich über die Spektralklasse und die unterschiedlichen Leuchtkraftklassen (Tabelle 2.3) eindeutige Zuschreibungen bei Sternen treffen.

Tabelle 2.3 Leuchtkraftklassen. Beachtet werden muss der Begriff der Zwerge: Es gibt Weiße Zwerge, die das Ende ihrer Lebzeit erreicht haben und weiße Zwerge, weiß leuchtende Hauptreihensterne (Wischnewski, 2021, S. 1035)

Leuchtkraftklasse	Typ
0	Hyperriesen
Ia/b	Überriesen (Ia hellere, Ib schwächere)
II	Helle Riesen
III	Riesen
IV	Unterriesen
V	Zwerge/Hauptreihensterne
VI	Unterzwerge
VII	Weiße Zwerge

Die Kombination der Einordnungen in die Harvard-Klassen mit dem Suffix der Leuchtkraftklasse wird zu Ehren Morgan, Keenan und Kellman „MK-Klassifikation“ genannt. Wird die Sonne in die MK-Klassifikation eingeordnet, so erhält sie die Spektralklasse G2 und als Hauptreihenstern die Leuchtkraftklasse V. Eine Übersicht über die heute verwendeten Spektralklassen kann in Abbildung 2.13 gefunden werden. Dabei handelt es sich um eine verkürzte Version, die die sieben Hauptklassen O bis M zeigt. Die Spektren sind von oben nach unten beginnend mit der höchsten Oberflächentemperatur sortiert worden. Erkannt werden kann der in Abschnitt 2.4 erwähnte Zusammenhang mit dem Wien'schen Verschiebungsgesetz.

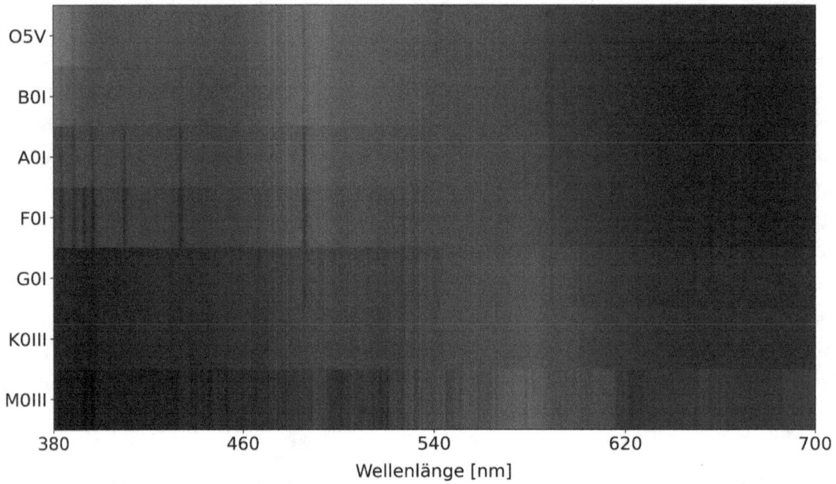

Abbildung 2.13 Die Spektraltypen O bis M, mit O oben beginnend. Eigene Abbildung, erstellt mithilfe von Daten aus Pickles (1998)

2.6 Physikalische Grundlagen zur Aufnahme von Spektren

In Abschnitt 2.1 wurde die wesentliche Physik des Lichts näher betrachtet. Ausgehend von diesen Grundlagen soll nun in die physikalischen Aspekte der Spektroskopie eingeleitet werden. Dazu sollen zwei Verfahren kurz erläutert werden. Danach wird im Sinne der in dieser Arbeit untersuchten historischen

Spektren das Hauptaugenmerk auf die Spektroskopie mittels Prismen gelegt. Bei der Spektroskopie gilt es zwischen verschiedenen Begriffen zu unterscheiden: Dem Spektrographen, der Spektroskopie und dem Spektrogramm. Mit ersterem wird das Licht in seine Bestandteile zerlegt, zweitere beschreibt die Methodik und letztere die in Abschnitt 2.5 unter Abbildung 2.9 gefasste Darstellung. Den Grundstein für die moderne Spektroskopie legten 1861 Kirchhoff und Bunsen, deren Arbeit auch in Abschnitt 2.2 erwähnt wurde. Seitdem wurden viele unterschiedliche Methoden der Spektroskopie entwickelt, wobei jede ihren spezifischen Einsatzbereich hat. Beispielsweise wäre die Massenspektroskopie zur Bestimmung der Masse von Atomen oder Molekülen oder die Gammaspektroskopie zur Untersuchung ionisierender Strahlungsquellen zu erwähnen. Innerhalb dieser Arbeit soll sich jedoch auf die optischen astronomisch relevanten Methoden (ferner auch klassische Methoden genannt) konzentriert werden. Eine Vorstellung einiger Methoden zur Spektroskopie wird in Kaushik und Kumar (2023) gegeben.

Bei den Methoden der Spektroskopie von Sternspektren werden elektromagnetische Wellen in ihre Bestandteile zerlegt. Der Bereich, in dem die Auffächerung stattfinden soll, hängt von dem Objekt bzw. Ziel der gewünschten Untersuchung ab. Sowohl der Bereich oberhalb des Optischen (Radiowellen) wie auch den Bereich unterhalb des Optischen (Gammastrahlung) kann dabei von Interesse sein. Die in dieser Arbeit ausgewerteten Spektren bilden jedoch einen schmalen Bereich von ungefähr 100 nm im sichtbaren Licht ab, weshalb sich an dieser Stelle auf die Spektroskopie von sichtbarem Licht konzentriert wird. Im Wesentlichen kann ein elektromagnetisches Spektrum durch zwei Arten in seine Bestandteile zerlegt werden: Beugung und Brechung. Für beide Erklärungen kann dabei das Verständnis von Licht als Welle (Abschnitt 2.1) herangezogen werden. Beginnend mit der Beugung sollen die zugrundeliegenden physikalischen Grundlagen kurz erläutert werden. Elektromagnetische Wellen können miteinander interferieren. Als Interferenz wird die Verstärkung (konstruktive Interferenz) oder Abschwächung bis zur Auslöschung (destruktive Interferenz) der Amplituden von (elektromagnetischen) Wellen bezeichnet. In Abbildung 2.14 werden konstruktive und destruktive Interferenz zwischen zwei Wellen gleicher Länge und Amplitude dargestellt. Während bei der konstruktiven Interferenz zwischen diesen beiden Wellen die Amplitude doppelt so groß wird, wird die Welle im Falle der destruktiven Interferenz ausgelöscht. Zu bemerken ist, dass bei der konstruktiven Interferenz Wellenberge auf Wellenberge und bei der destruktiven Interferenz dementsprechend Wellenberge auf Wellentäler treffen. Wenn die Wellen ungleicher Amplitude sind, aber gleicher Wellenlänge, kann es entsprechend zu einer weniger hohen Amplitude bzw. nicht zur völligen Auslöschung kommen. Dies gilt auch, wenn die beiden Wellen eine Differenz der Phase aufweisen. Als Phase wird das Argument der Sinusfunktion einer harmonischen Welle bezeichnet oder anders ausgedrückt die Position der Wellenbewegung innerhalb der Periode.

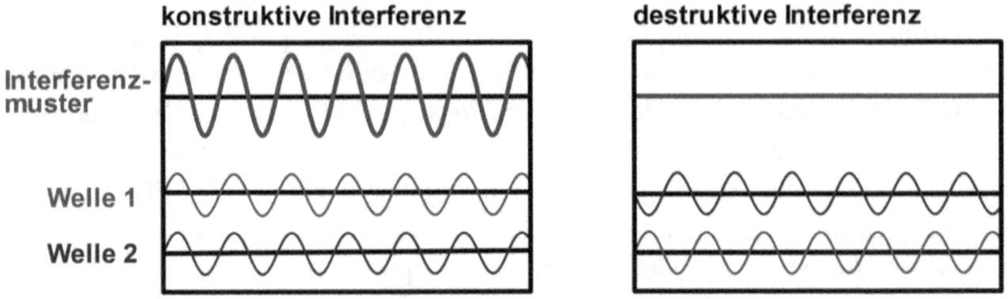

Abbildung 2.14 Darstellung konstruktiver und destruktiver Interferenz von harmonischen Sinuswellen (Jkrieger & MaxxL, 2016)

Um eine einlaufende parallele Welle zur Interferenz zu bringen, muss ein Teil von ihr moduliert werden. Möglichkeiten für die Modulation sind die Veränderung der Amplitude oder der Phase. Zur Amplitudenmodulation können etwa Transmissions-Amplituden Gitter verwendet werden, deren Funktionsweise anhand des Doppelspalts im weiteren Verlauf angedeutet werden soll. Zur Phasenmodulation werden unter anderem Gitter verwendet, die in einer periodischen Anordnung das Licht reflektieren können. Auf diese Weise wird nur die Phase aber nicht die Amplitude des Lichts moduliert. Eine gesonderte Form der Reflexions-Phasen Gitter ist das Reflexions-Phasen Gitter mit bevorzugter Reflexion (Blaze-Gitter).

Die der Beugung am Gitter (und Brechung am Prisma) zugrundeliegende physikalische Theorie ist das Huygens'sche Prinzip „nach dem jeder Punkt einer Phasenfläche einer Welle Ausgangspunkt einer Kugelwelle ist" (Demtröder, 2017a, S. 327). Als Phasenfläche wird dabei eine sich transversal ausbreitende Wellenfront bezeichnet, wobei der Abstand zwischen zwei Wellenbergen gerade die Wellenlänge ist. Treffen nun parallel einlaufende primäre Wellen (Strahlenbündel) auf einen Spalt in einem für die Welle ansonsten undurchdringbaren Materials, kann der Spalt Ausgangspunkt vieler neuer kugelförmiger Wellen (Elementarwellen) sein. Die Summe der einzelnen Elementarwellen bildet eine Sekundärwelle. Hinter dem Spalt kann es dann zur Interferenz zwischen den Elementarwellen kommen. Handelt es sich um viele in regelmäßigen Abständen nebeneinander angeordnete Spalte, wird von einem Gitter gesprochen. Zum besseren Verständnis soll das Prinzip am Doppelspalt erläutert werden. In Abbildung 2.15 wird ein Doppelspalt dargestellt. Trifft ein paralleles Strahlenbündel nun auf den Doppelspalt, kommt es zu einem Gangunterschied Δr zwischen den beiden neuen Wellenfronten. Zwischen den Wellen kann es nun zur Interferenz (Abbildung 2.14) kommen. Mithilfe von Trigonometrie und Winkelnäherungen kann die Position der Maxima und Minima auf dem Schirm bestimmt werden.

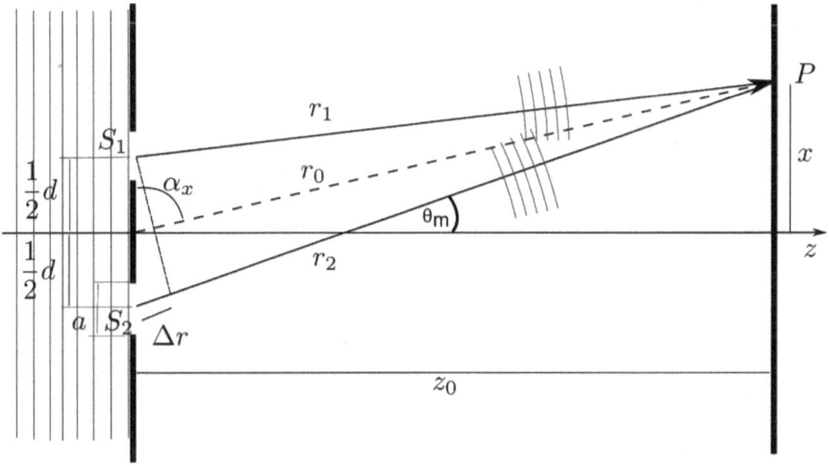

Abbildung 2.15 Beugung am Doppelspalt (ArchibaldWagner, 2025), Winkel θ_m durch Autor ergänzt

Die Position der Maxima (und Minima) ist dann abhängig vom Winkel θ_m, der Nummer des Maximums m (für das Hauptmaximum mittig gilt $m = 0$), dem Abstand d zwischen den beiden Spalten und der Wellenlänge λ. Für die Hauptmaxima hinter Gittern, auf die Strahlenbündel fallen, gilt die Gittergleichung (2.8) (Hecht, 2023, S. 919).

$$\sin(\theta_m) = \frac{m \cdot \lambda}{d} \tag{2.8}$$

Anhand Gleichung (2.8) kann dann wiederum festgestellt werden, dass die Stärke der Beugung proportional zu der gebeugten Wellenlänge ist. Ein Vorteil, der der Auswertung von mit Gittern erstellten Spektren zugutekommen kann. Das Kontinuum eines Sterns kann damit mithilfe von Beugung in seine Bestandteile (siehe bspw. Abbildung 2.13) zerlegt werden. Neben den Transmissionsgittern gibt es noch weitere Bauarten für periodische optische Elemente, die Licht in seine spektralen Anteile zerlegen können. Zu nennen wären an dieser Stelle mit Blick auf die didaktischen Einsatzszenarien die Reflexions-Phasen Gitter mit bevorzugter Reflexion (Blaze-Gitter). Diese haben durch ihre Bauart bedingt den Vorteil, dass sie das eintreffende Licht so beugen können, dass die Intensität des ersten Maximums deutlich über derer mit klassischen Reflexionsgittern erreichten liegt. Ein Beugungsgitter mit bevorzugter Reflexion wird in Abbildung 2.16 dargestellt. Eine umfangreiche Erläuterung (auch zu den anderen erwähnten Bauarten) kann unter anderem in Hecht (2023) oder auch Demtröder (2017a) gefunden werden.

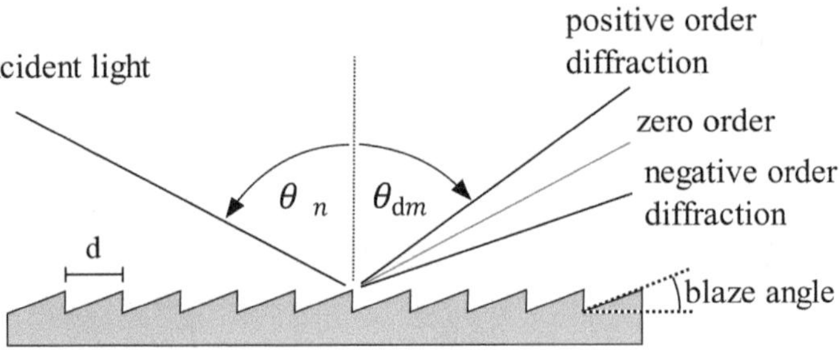

Abbildung 2.16 Bauweise von Reflexions-Phasen Gitter mit bevorzugter Reflexion (Joachim Terschluesen, 2016)

Wie zu Beginn dieses Kapitels erwähnt, lässt sich Licht auch durch Brechung in seine Bestandteile zerlegen. Ist das der Fall, wird von einem dispersiven Element gesprochen. An dieser Stelle soll sich besonders auf die Eigenschaften und optische Funktionsweise des Prismas konzentriert werden.

Trifft Licht auf ein Material mit einer Opazität ungleich 1, wird es beim Übergang zwischen dem optisch dünneren und dem optisch dickeren Medium gebrochen. Der Prozess der Lichtbrechung soll sich wie auch schon die Beugung an dem Huygens'schen Prinzip bewusst gemacht werden. In Abbildung 2.17 wird dargestellt, wie eine Wellenfront schräg auf eine Grenzfläche (in Abbildung 2.17 horizontal), den Übergang zwischen zwei Medien, wobei das eine Medium auch das Vakuum sein kann, trifft.

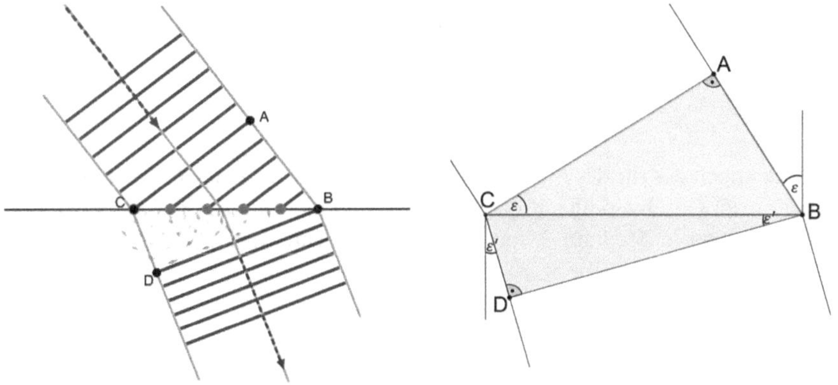

Abbildung 2.17 Brechung nach dem Huygens'schen Prinzip (Grafik durch den Autor um die Punkte A bis D ergänzt) (Dicklyon, 2009) und Herleitung des Brechungsgesetzes (eigene Darstellung, erstellt mithilfe von GeoGebra (2023))

In der Abbildung treffen ebene Wellenfronten schräg auf eine Grenzfläche. Jeder Auftreffpunkt der Wellenfront löst dabei eine Elementarwelle in dem dispersiven Element aus. Zu beachten ist dabei, dass es zu einer Ablenkung kommt. Während die Primärwelle in Punkt C auftrifft, trifft dieselbe Welle in Punkt B erst nach $t = \overline{AB}/c$ (wenn Medium 1 das Vakuum ist) auf. Zur Sekundärwelle vereinigt ist die Wellenfront erst wieder nach $t = \overline{CD}/c'$, wobei c' der Lichtgeschwindigkeit in dem zweiten Medium entspricht[14]. In Abbildung 2.17 rechts können die Verläufe der Brechung genauer betrachtet werden. Mithilfe dieser schematischen Darstellung lässt sich außerdem das Brechungsgesetz herleiten. Es können die beiden Dreiecke BCD und ACB miteinander verglichen werden. Es gelten jeweils

$$\begin{aligned} \sin(\varepsilon) &= \frac{\overline{AB}}{\overline{BC}} = \frac{t \cdot c}{\overline{BC}} \text{ und} \\ \sin(\varepsilon') &= \frac{\overline{CD}}{\overline{BC}} = \frac{t \cdot c'}{\overline{BC}} \end{aligned} \tag{2.9}$$

[14] An dieser Stelle sollte etwas differenziert werden, da Photonen nicht bei Unterlichtgeschwindigkeit existieren können. Wenn an dieser Stelle von der Geschwindigkeit des Lichts in dem Medium gesprochen wird, ist im Prinzip eine Phasenverschiebung zwischen Primär- und Sekundärwelle gemeint. Genauere Beschreibungen und die theoretische Herleitung hierzu lässt sich unter anderem in Hecht (2023) finden.

und durch Division Gleichung 2.10.

$$\frac{\sin(\varepsilon)}{\sin(\varepsilon')}=\frac{\frac{t\cdot c}{\overline{BC}}}{\frac{t\cdot c'}{\overline{BC}}}=\frac{t\cdot c}{\overline{BC}}\cdot\frac{\overline{BC}}{t\cdot c'}=\frac{c}{c'} \tag{2.10}$$

Wird nun noch der für das Medium spezifische Brechungsindex (Gleichung 2.11), wobei c_1 der Geschwindigkeit des Lichts in Medium 1 und c_2 der Geschwindigkeit des Lichts in Medium 2 entspricht, eingebracht, wird das Brechungsgesetz (Gleichung 2.12) erhalten.

$$n\cdot\frac{c}{c_{Medium}};\ n_1=\frac{c}{c_1}\ \text{und}\ n_2=\frac{c}{c_2} \tag{2.11}$$

$$\frac{\sin(\varepsilon)}{\sin(\varepsilon')}=\frac{\frac{c}{n_1}}{\frac{c}{n_2}}=\frac{n_2}{n_1} \tag{2.12}$$

Der die Spektroskopie durch dispersive Elemente ermöglichende Faktor ist die Abhängigkeit des Brechungsindexes von der Wellenlänge. In Abbildung 2.18 wird zur Veranschaulichung die Dispersionseigenschaften von Quarzglas in Abhängigkeit von der Wellenlänge dargestellt.

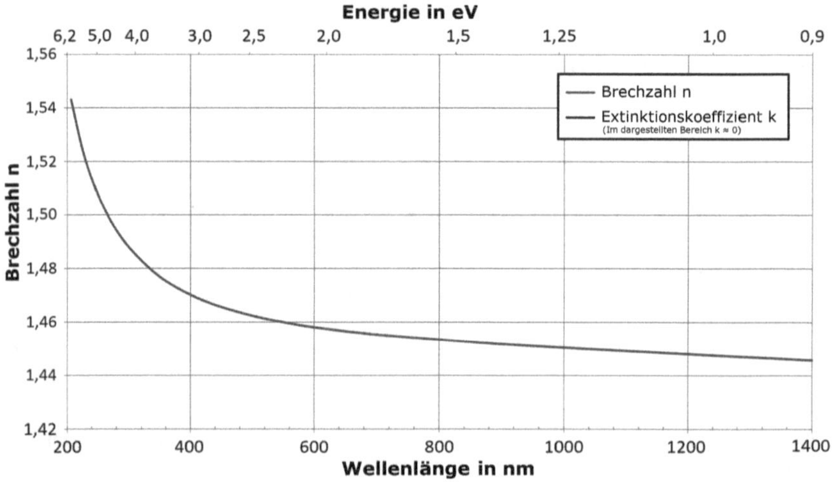

Abbildung 2.18 Brechzahl n in Abhängigkeit von der Wellenlänge für Quarzglas (Cepheiden, 2007)

Der Brechindex/die Brechzahl n ist näherungsweise umgekehrt proportional zum Quadrat der Wellenlänge (Wischnewski, 2021, S. 689). Das offenbart, dass dispersive Elemente gegenüber Gittern einen erheblichen Nachteil haben: Die spektrale Aufspaltung des Lichts erfolgt im Gegensatz zu Gittern (Gleichung 2.8) nicht linear. Dem Umstand kann jedoch durch eine geeignete nicht-lineare Kalibrierung der Abszisse entgegengewirkt werden.

Ein optisches Bauelement, dessen lichtbrechende Eigenschaften sich vor allem die Anfänge der Spektroskopie (siehe zum Beispiel die Versuche von Kirchhoff und Bunsen) zunutze gemacht haben, ist das Prisma. Ein Prisma ist ein „ebenflächig begrenzter Körper mit zwei kongruenten, in parallelen Ebenen liegenden n-Ecken … als Grund- und Deckenfläche, sowie n Parallelogrammen als Seitenflächen“ (Walz, 2016, S. 256). Tritt Licht in ein Prisma ein und wieder aus, wird es an beiden Grenzflächen gebrochen. Abbildung 2.19 zeigt ein Prisma, auf das Licht fällt.

Abbildung 2.19 Eine Illustration eines gleichseitiges Dispersionsprisma durch das Licht in seine spektralen Anteile zerlegt wird (Spigget, 2010)

Beobachtet werden kann, dass die längeren Wellenlängen des hier weißen Lichts weniger stark gebrochen werden als die kürzeren Wellenlängen.

Da an dieser Stelle das Licht erfolgreich in seine spektralen Bestandteile zerlegt wurde, soll sich nun der Sicherung des Spektrums zugewandt werden. In dieser Arbeit soll sich auf zwei Möglichkeiten der Sicherung von Spektren konzentriert werden: digitale und analoge Systeme. Genauer gefasst um die Fotoplatte und die Photodiode. Erneut soll mit dem moderneren Element begonnen werden, wobei das Hauptaugenmerk auf der historischen Methode liegt.

Der Zweck einer Photodiode ist es, Licht in eine elektrische Spannung umzuwandeln. Die Funktion von Photodioden beruht auf dem Prinzip des inneren photoelektrischen Effekts. Der Aufbau und die Funktionsweise einer einzelnen sich ideal verhaltenden Photozelle soll sich anhand Abbildung 2.20 und der grundlegendsten Funktionsweise visualisiert werden. Trifft ein Photon entsprechender Energie auf den Potentialwall (in Abbildung 2.20 space charge region) der idealen Photozelle, wird ein Elektron durch den photoelektrischen Effekt herausgelöst und es entsteht ein Elektron-Loch-Paar. Das herausgelöste Elektron wechselt daraufhin vom Valenzband in das Leitungsband. Angenommen das Elektron wurde in dem Bereich negativer Ionen herausgelöst, wird es dort von den negativen Ionen abgestoßen und von den positiv geladenen Ionen angezogen.

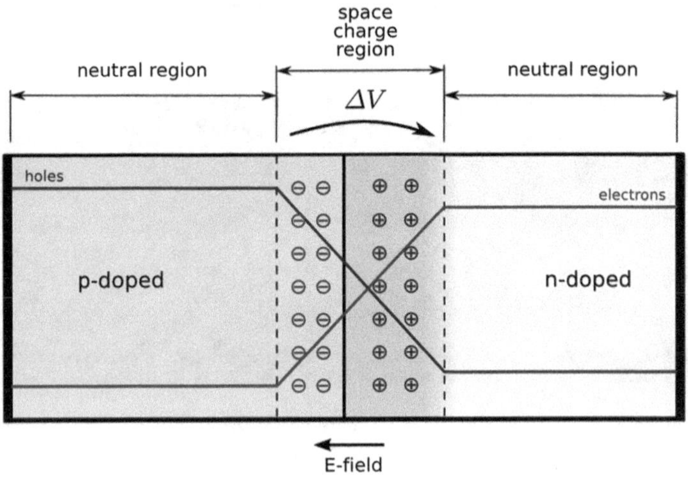

Abbildung 2.20 Loch- und Elektronenkonzentrationen am Übergang eines pn-dotierten Halbleiters (Mu301)

Für das entstandene Loch gilt Gegenteiliges, es wird von den positiven Ionen „abgestoßen" und den negativ geladenen Ionen „angezogen". Durch die Trennung kann eine Spannung entstehen. Wird der Lichteinfall vergrößert, können entsprechend mehr Elektronen herausgelöst werden und die Spannung kann steigen. An der Photozelle kann nach der Belichtung eine Spannung gemessen werden, die der Intensität des „gesammelten" Lichts entspricht (photo current). Nach dem Auslesen kann die Diode in ihren ursprünglichen Status zurückgebracht werden und die Belichtung von neuem beginnen. Bildgebende Sensoren wie CCD- oder später auch CMOS-Sensoren bestehen aus einer zweidimensionalen Anordnung von Photodioden. Die beiden Sensortypen unterscheiden sich dabei im Wesentlichen dadurch, wie die entstandene Spannung ausgelesen wird. Umfassendere Beschreibungen der Funktionsweise von Photozellen und tiefere Einblicke in die Funktion von Sensoren werden unter anderem in Teubner und Brückner (2024) gegeben.

Vor der Entwicklung von CCD-Sensoren wurden Fotoplatten verwendet. Im Gegensatz zur modernen Photodiode bzw. CCD-/CMOS-Sensor findet hier eine permanent bleibende Umwandlung chemischer Elemente statt. Für diesen Fall soll sich der Aufbau und die Funktionsweise anhand Abbildung 2.21 deutlich gemacht werden. Erneut soll für die Erläuterung von dem Falle ausgegangen werden, dass eine idealisierte Fotoplatte vorläge. Der Prozess zur Erstellung bleibender Fotografien auf Fotoplatten ist grundsätzlich immer derselbe: Belichtung, Entwicklung und Fixierung. Um sich dem Ablauf klar werden zu können, soll im ersten Schritt der Aufbau der klassischen Fotoplatte näher erläutert werden.

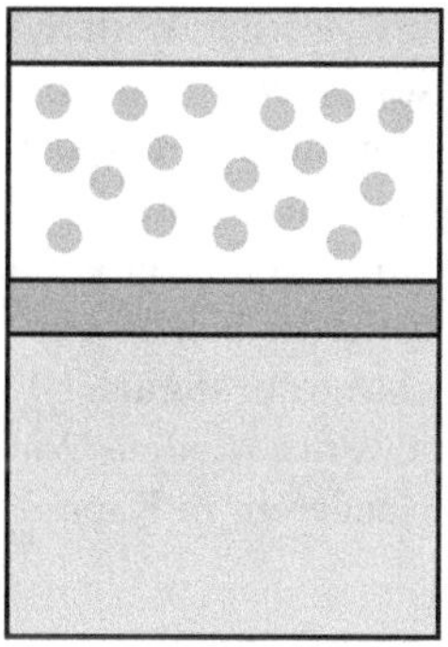

Abbildung 2.21 Schichten einer fotografischen Platte, nicht maßstabsgetreu

Fotoplatten sind beschichtete Trägermaterialien (bspw. Glas, aber auch flexibles Plastik (z. B. in Rollfilmen)). Von oben ausgehend befindet sich als erstes eine lichtdurchlässige Schutzschicht und darunter eine Emulsion[15] aus einem kristallinen Silberhalogenid wie Silberbromid und Gelatine. Weiter in Richtung Trägermaterial kann sich eine sog. „Anti-Halo-Schicht" befinden, deren Zweck es ist, ungewünschte Belichtungen durch Reflexionen zu unterdrücken. Das für die

[15] Da es sich nicht um eine Vermengung von zwei Flüssigkeiten handelt, sollte an dieser Stelle von einer Suspension gesprochen werden. Jedoch hat sich über die Zeit der Begriff der Fotoemulsion durchgesetzt, weshalb er auch in diesem Beitrag verwendet werden soll (siehe bspw. Wischnewski (2021), Teubner und Brückner (2024) oder auch Neumeier (2024)).

Herstellung der Emulsion grundlegende durchgeführte chemische Verfahren kann unter anderem in Neumeier (2024) nachgelesen werden. Um im Beispiel des Silberbromids als photosensitives Element bleiben zu können, sei seine Besonderheit erwähnt. Die kristalline Struktur kann Fehlstellen durch bewegliche positiv geladene Silber-Ionen enthalten. Trifft ein Photon nun auf die Emulsion, in der sich die kubisch angeordneten Kristallstrukturen befinden, kann bei entsprechender Energie des Photons die Verbindung zwischen dem Bromid und dem Silber aufgetrennt werden. Das freigesetzte Elektron kann dann durch eines der positiven frei beweglichen Silber-Ionen eingefangen werden, wodurch dieses neutral werden und eine Anhäufung eines vieratomigen Keimzentrums aus Silberatomen starten kann. Wenn weitere Photonen an dieser Stelle auf Silberbromid-Verbindungen treffen, kann eine Anhäufung von Silberatomen eben an dieser Stelle beginnen. Nach der Belichtung befinden sich dann an jenen Stellen, die durch Photonen modifiziert wurden, jene Zentren und Anhäufungen von Silberatomen. In der Emulsion befindet sich nun ein latentes Bild, das jedoch erst entwickelt werden muss, bevor ein Schwarzweißnegativ in der Emulsion sichtbar wird. Mithilfe eines „Entwicklers" werden weitere sich in den belichteten Bereichen der Emulsion befindlichen positiven Silberionen zu Silber reduziert und damit die Menge an metallischen Anhäufungen erhöht. Im abschließenden Prozess, der Fixierung, werden die übrigen, unbelichteten Bereiche erst chemisch wasserlöslich gemacht und dann abgespült. Nach einer abschließenden gründlichen Reinigung bleibt ein Schwarzweißnegativ der belichteten Szene (auch über viele Jahre) erhalten.

Liegt ein Spektrum in digitaler Form als Bilddatei vor, kann es mithilfe von Computern ausgewertet werden. Wie ein analoges Spektrum digitalisiert werden kann, wird unter anderem in Kapitel 4 behandelt.

2.7 Grundlagen zur computergestützten Auswertung von Spektren

Bevor an dieser Stelle erläutert wird, wie ein Spektrum von einer Software, die für die Auswertung von Spektren entwickelt wurde, in einen Graphen übersetzt wird, sollen erst grundlegende Bildparameter näher betrachtet werden, um sie anschließend mit der Software für die Spektralanalyse in Verbindung bringen zu können. Für die nachfolgenden Erklärungen sei erneut von dem Fall auszugehen, dass es sich um einen idealen Sensor ohne Bayermatrix[16] handelt.

Bilder können mithilfe von Photodioden digitalisiert werden. Wie zuletzt in Abschnitt 2.6 dargestellt, werden die Photodioden dafür in eine ebene zweidimensionale Anordnung gebracht. Die Menge an Photodioden in vertikaler bzw. horizontaler Richtung gibt dann die Auflösung vor. Die Auflösung ist in diesem Fall nicht mit der optischen Auflösung etwa durch Beugungsbegrenzung eines optischen Systems wie einem Teleskop zu verwechseln, sondern soll sich rein auf die Eigenschaften digitaler Bilder beziehen. An dieser Stelle soll daher der Begriff des sog. „Pixels" [px] eingeführt werden. Ein Pixel, Abkürzung für Englisch picture element, ist demnach der digitalisierte Abdruck des Werts einer Photodiode einer zweidimensionalen Photodiodenanordnung. Aus der Zweidimensionalität folgt die vertikale und horizontale Komponente. Zur Beschreibung eines Bildes können für jene Komponenten die Höhe respektive die Breite des Bildes in Pixeln angegeben werden. Beispielsweise haben die Bilder der später in diesem Kapitel noch vorgestellten Abbildung 2.23 eine Breite und Höhe von jeweils 1000 Pixeln (1000 px). Diese Werte sind nicht mit der Auflösung einer Bilddarstellung durch bspw. einen Monitor oder durch ein gedrucktes Bild (bei gedruckten Bildern wird ohnehin nicht mehr von Pixeln gesprochen) zu verwechseln, sondern eine Eigenschaft, die jedes digitale Bild für sich selbst innehat. Des Weiteren soll außerdem von der Pixelgröße unterschieden werden. Photodioden, die für bilderzeugende Sensoren verwendet werden, haben meist eine quadratische Form mit je nach Sensortyp unterschiedlichen Größen, die sich jedoch für gängige Sensoren meist im Bereich von etwa 2 bis 10 Mikrometern bewegen. Abschließend zur Erläuterung des Pixels als (digitale) Einheit kann ein Vergleich zur Fotoplatte hergestellt werden. Während die Photodioden eines Sensors strikt regelmäßig angeordnet sind, sind die Silberhalogenidkristalle bedingt durch den Prozess zur Herstellung der Emulsion zufällig in dieser verteilt.

Weiter soll es um die Eigenschaften eines einzelnen Pixels und damit um die Klärung der Begriffe „Full Well Capacity" (FWC), „Dynamikumfang" und „Intensität" (in dem Zusammenhang auch der Begriff der „Analog Digital Unit" (ADU)) beginnend mit der FWC gehen. Die Full Well Capacity einer Photodiode gibt die maximal mögliche Menge an Ladungen an, die sie ansammeln kann, bis sie in der Sättigung („voll") ist. Über die FWC hinaus kann sie keine Ladungen

[16] Eine Bayer-Matrix ist eine quadratische Anordnung aus verschiedenen Farbfiltern (typischerweise Rot, zweimal Grün diagonal und Blau). Aus den Informationen der hinter den Filtern liegenden Pixel kann im Nachgang ein Farbbild errechnet werden.

mehr erübrigen. Die Spannung kann über diesen Punkt hinaus nicht weiter ansteigen. Ein entsprechender Pixel wäre Weiß (ausgebrannt). Nach der Belichtung wird die Spannung durch einen Analog-Digital-Wandler (ADC) in ein digitales Signal übersetzt. Die Einheit dieses Signals ist die Analog Digital Unit. Je nach Sensor können innerhalb dieses Signalbereichs zwischen keiner Spannung und der FWC verschieden ausgeprägte Abstufungen durch den ADC ausgelesen werden. Die Anzahl der Abstufungen entspricht der Genauigkeit des ADC und wird durch die Bittiefe angegeben. Dabei findet pro Bit eine Verdopplung möglicher Zustände statt. Ein ADC mit 1 Bit kann nur zwischen zwei Werten unterscheiden, ein Sensor mit 2 Bit zwischen 4, mit 3 Bit zwischen 8 und so weiter. Häufig haben moderne Sensoren einen Dynamikumfang von 16 Bit und damit 65.536 mögliche Abstufungen zwischen Schwarz (Null) und Weiß (Sättigung). Die Intensität oder Helligkeit eines Pixels ist demnach der absolute ganzzahlige Wert in ADU, der dem Pixel, der durch den ADC ausgelesenen korrespondierenden Photodiode, nach der Spannungsmessung zugeordnet wurde. Abbildung 2.22 soll die hier dargestellten Begriffe anhand eines Graphen und von Graustufen visualisieren[17].

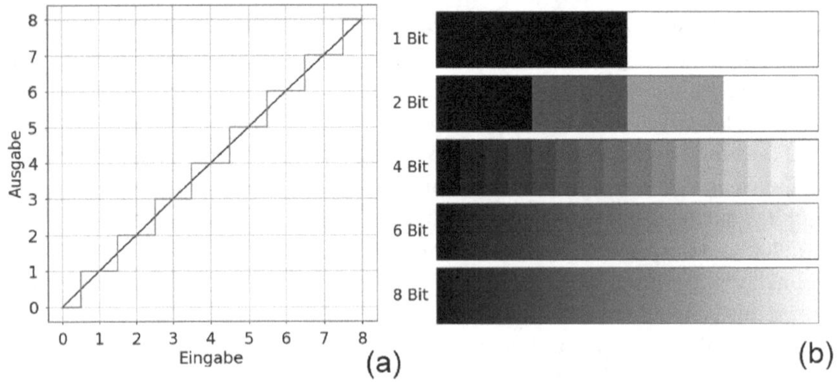

Abbildung 2.22 (a) Analog-Digital-Umwandlung von Input zu Output, der Verlauf der stufenlos ansteigenden analogen Intensität wird dabei in schwarz dargestellt und in grau das gestufte Zuweisen eines Werts durch den ADC und (b) Vergleich zwischen verschiedenen Bittiefen, am rechten Rand der Darstellungen befände sich eine Photodiode in der Sättigung

[17] Es ist darauf hinzuweisen, dass die Darstellung der verschiedenen Stufen für das digitale Dokument dieser Arbeit die Abbildung nur bis zur Bildausgabe über einen Bildschirm oder bis zum Druck je nach Bittiefe des Displays oder Genauigkeit des Druckers korrekt ist.

Mit diesen Informationen kann nun dazu übergegangen werden, ein Spektrum durch eine geeignete Software in einen von der Wellenlänge abhängigen Graphen zu überführen.

Für die Spektroskopie lassen sich einige (freie) Softwares finden, die dieser Aufgabe gerecht werden könnten. In dieser Arbeit soll die Auswertung jedoch mit der Software „BASS Spectro“ von Astrobodger (2024) stattfinden, weshalb diese auch in allen weiteren Schritten, die im Zusammenhang mit der Auswertung von Spektren stehen, Anwendung finden soll. Voraussetzung, dass das Spektrum durch BASS Spectro gelesen werden kann, ist, dass es sich um ein Bild in Graustufen bzw. ein Schwarzweißbild handelt.

Damit das digitale Abbild eines Spektrums (Abbildung 2.9) in einen Intensitätsverlauf wie aus Abbildung 2.10 überführt werden kann, müssen einige Voraussetzungen beachtet werden. Die Funktionsweise von BASS Spectro beruht darauf, die Helligkeitswerte (ADU) in Abhängigkeit von den horizontalen Pixeln darzustellen. Für eine möglichst hohe Präzision des später auswertbaren Spektrums muss daher darauf geachtet werden, dass das (digitalisierte) Spektrum waagerecht auf dem Bild dargestellt wird. Weiter müssen die Wellenlängen von links nach rechts ansteigend verlaufen. Zuletzt sollte der Tilt, den ein Spektrum unter Umständen innehat, korrigiert werden (Das & Banyal, 2021; Paraskeva, 2019). Zu diesem Zeitpunkt wird das Spektrum immer noch in Abhängigkeit von den Pixeln dargestellt. Um das Spektrum in Abhängigkeit von der Wellenlänge darstellen zu können, muss es in der Wellenlänge kalibriert werden. Dafür können mindestens zwei bekannte Linien des Spektrums für eine lineare Kalibrierung (die, wie in Abschnitt 2.6 angemerkt, nicht für das durch Prismen gewonnene Spektrum verwendet werden kann) und maximal 10 bekannte Linien für eine polynomische Kalibrierung angewählt und ihnen die entsprechende Wellenlänge zugeordnet werden.

Für das Spektrum ist es außerdem von besonderer Bedeutung, dass sich das Bild in einem linearen Zustand befindet und keine Veränderungen an der Intensitätsverteilung vorgenommen wurden. In Abbildung 2.23 wird jener Fall gegenübergestellt. Abbildung 2.23 zeigt einen Ausschnitt von dem Sternfeld aus Abbildung 2.8 mit dem Stern Vega mittig. Links oben ist das lineare Bild und darunter die für die Abbildung 2.8 angepasste Version zu sehen. Für beide Bilder wurde der Intensitätsverlauf des Beugungsmusters von links nach rechts mithilfe von BASS Spectro (Astrobodger, 2024) in einem Diagramm auf der rechten Seite dargestellt. Es wird dabei die ADU in Abhängigkeit der horizontalen Pixel betrachtet. Unten liegend ist dabei der Intensitätsverlauf des linearen Bildes und oben liegend der Intensitätsverlauf über das Beugungsmuster der veränderten Version (gestreckt).

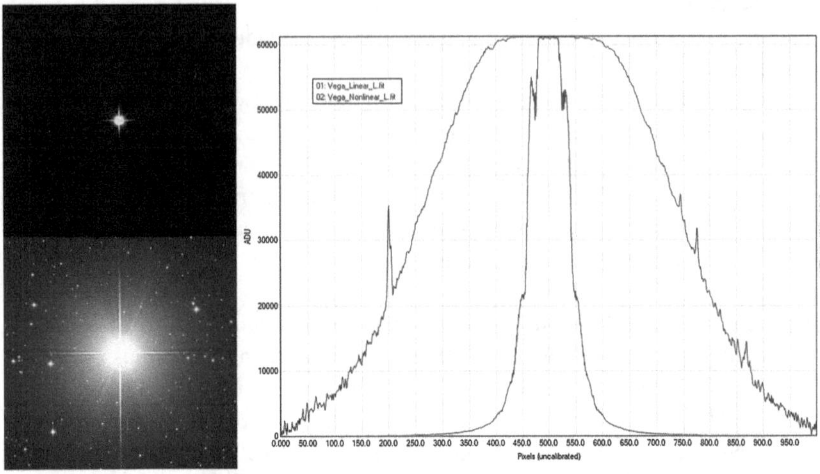

Abbildung 2.23 Profile eines Beugungsmusters im linearen (oberes Bild, blaues Profil) und nicht-linearen Zustand (unteres Bild, grünes Profil), die Erstellung der Profile erfolgte mit BASS Spectro (Astrobodger, 2024) und aus den ursprünglichen Farbbildern wurde die Luminanz (Helligkeitswerte) für die Verarbeitung mit BASS Spectro extrahiert

Deutlich werden kann, dass Informationen in der gestreckten Version verloren gegangen sind. Während die zum linearen Bild (Abb. 2.23 oben) gehörende Kurve sowohl bei 450 px wie auch bei 475 px Abweichungen von einem glockenförmigen Profil zeigt (hier liegt die spektrale Aufspaltung des Lichts von Vega im Maximum 1. und 2. Ordnung), sind diese Informationen im gestreckten Bild nicht mehr vorhanden.

Mit Beachtung der aufgeführten Punkte, kann ein digitales Spektrum mithilfe von BASS Spectro ab dieser Stelle ausgewertet werden. Abschließend zu den physikalischen Grundlagen werden die für die didaktischen Szenarien noch offen gebliebenen physikalischen Hintergründe erläutert.

2.8 Physikalische Grundlagen der didaktischen Einsatzszenarien

In den didaktischen Einsatzszenarien sollen zwei Phänomene anhand der gescannten Spektren näher betrachtet werden. Zum einen eine Zuweisung der Spektralklasse und zum anderen die Bestimmung der Astronomischen Einheit mithilfe der Doppler-Verschiebung aus zwei zu unterschiedlichen Zeitpunkten aufgenommenen Spektren desselben Sterns. An dieser Stelle soll mit der Erläuterung der Zuweisung einer Spektralklasse begonnen werden. Wie in Abschnitt 2.5 ausgeführt, lassen sich Sterne in Spektralklassen einteilen. Dies geschieht anhand der in dem Sternspektrum beobachteten Absorptionslinien. Mithilfe von Flussdiagrammen lassen sich die Spektralklasse und teilweise, wenn die Linien in dem Spektrum sichtbar ausgeprägt sind, auch grobe Einordnungen in die Leuchtkraftklasse vornehmen. Das für die didaktischen Szenarien verwendete Flussdiagramm wurde mithilfe von Röser und Voigt (2012, S. 307) und dem Präsentationsprogramm Microsoft PowerPoint erstellt. Dies bietet den Vorteil, dass das Flussdiagramm als Vektorgrafik gespeichert werden kann, um so die maximale Qualität für die Darstellung der Arbeitsmaterialien zu erhalten. Das erstellte Flussdiagramm kann unter Anhang 1 im elektronischen Zusatzmaterial betrachtet werden. Die Entscheidungen im Flussdiagramm unterscheiden sich zwischen blauen und grünen Rauten. Blaue Rauten wollen mit der Frage nach dem Vorhandensein einer Absorptionslinie beantwortet werden (bspw. Ca II 393,36 nm, 396,84 nm ja oder nein). Grüne Rauten stellen eine Auswahl zwischen zwei Absorptionslinien dar und leiten, je nachdem wie ausgeprägt die eine Linie im Vergleich zur anderen ist, zum nächsten Abschnitt weiter (bspw. H_γ 434,0 nm/ Fe I 432,5 nm >1, = 1, <1). Am Ende wird in einem orangenen Rechteck die Spektralklasse mit, falls möglich, einer Einschätzung der Leuchtkraftklasse angegeben. Wie in Abschnitt 2.6 schon erwähnt und in Kapitel 4 näher betrachtet, umfassen die eingescannten Spektren einen Wellenlängenbereich von etwa 100 nm. Problematisch an dieser Stelle ist, dass die Intensität der Aufnahme über jene 100 nm stark variiert. Daher ließen sich die Intensitäten von Linien wie der H_γ mit der K-Linie (393,36 nm) nicht miteinander vergleichen. Daher wird ein weiteres Spektrum des Sterns oder eines Sterns mit gleicher Spektralklasse als notwendig angesehen. Auf diese Weise ließe sich eben jener fragwürdige Bereich adäquat miteinander vergleichen und sodann wieder zum historischen Spektrum zurückschwenken. In Kapitel 4 wird der Vorgang für das infrage kommende Spektrum genauer und mithilfe von BASS Spectro näher betrachtet und eine ausführliche Beschreibung der problemhaften Stellen gegeben.

In Abschnitt 2.4 wurde der Doppler-Effekt als einflussnehmende Komponente auf das Aussehen eines Sternspektrums beschrieben. An dieser Stelle soll er nun den didaktischen Einsatzszenarien dienlich beschrieben werden. Dafür wird des begrenzten Umfangs wegen von der Analogienbildung über den akustischen Doppler-Effekt Abstand genommen und sich nur auf den Doppler-Effekt bei elektromagnetischen Wellen konzentriert.

Küstner (1905) stellte wie eingangs erwähnt eine Methode zur Bestimmung der Astronomischen Einheit vor. Dafür nahm er in einem Abstand von einem halben Jahr Spektren desselben Sterns auf und verglich anhand des Doppler-Effekts die relativen Geschwindigkeiten zu beiden Zeitpunkten. Aus den gemessenen Geschwindigkeiten (bzw. Doppler-Verschiebungen) konnte er (unter Einbezug verschiedener Faktoren wie des wahren Schwerpunkts des Sonnensystems) die Sonnenparalaxe mithilfe von 16 Absorptionslinien auf 18 zu unterschiedlichen Zeiten belichteten Fotoplatten auf etwa 8,844 Bogensekunden bestimmen. Die physikalischen Hintergründe zur Bestimmung der Astronomischen Einheit mithilfe zweier Spektren und des Dopplereffekts soll im Nachfolgenden erläutert werden.

Auch für die Erklärung des Doppler-Effekts soll erneut das Verständnis von Licht als Welle herangezogen werden. Da die für die Bestimmung der Astronomischen Einheit betrachteten Geschwindigkeiten nur 0,01 % der Lichtgeschwindigkeit entsprechen, soll der nicht-relativistische Dopplereffekt betrachtet werden. Grundsätzlich können sich Sender (in dem Falle der hier betrachteten Spektren der Stern, dessen Licht spektroskopiert wurde) und der Empfänger (streng betrachtet die Fotoplatte/der Sensor) frei im Raum bewegen. Weiter dürfen jeweils Sender und Empfänger sich selbst als ruhend und entsprechend den anderen als bewegt annehmen. Die Änderung der Wellenlänge ist dabei identisch und hängt nur von der Höhe der Relativgeschwindigkeit ab. Für die Erläuterungen soll sich der Empfänger relativ mit einer Geschwindigkeit v zum Sender bewegen. Entweder bewegt sich der Empfänger direkt auf den Sender zu (oder von ihm weg) oder es findet eine Bewegung quer zum Sender statt. Im ersteren Fall tritt der longitudinale Doppler-Effekt und im letzteren Fall der transversale Doppler-Effekt auf. Aufgrund des Fokus des antizipierten Szenarios und der mit den Berechnungen verknüpften Geschwindigkeiten $v_E \cdot c$ folgt die Erläuterung für den Fall des longitudinalen Doppler-Effekts. Der Sender emittiere in alle Richtungen monochromatisches Licht der Wellenlänge λ_S. Beträgt die Relativgeschwindigkeit zwischen Sender und Empfänger 0, wird beim Empfänger exakt die ausgesendete Wellenlänge registriert. Entfernt sich der Empfänger vom Sender, wird eine Wellenlänge oberhalb der emittierten Wellenlänge registriert. Bewegt sich der Empfänger auf den Sender zu, wird eine verringerte Wellenlänge registriert. Die beim Empfänger gemessene Wellenlänge sei als λ_E bezeichnet. Die Verschiebung der Wellenlänge berechnet sich dann für den nicht-relativistischen Fall nach Gleichung 2.11 (OpenStax, 2017).

$$\lambda_S\text{-}\lambda_E = \Delta\lambda = \frac{v \cdot \lambda_S}{c} \tag{2.13}$$

Der Grund für die Verschiebung ist in der zwischen zwei Wellenfronten zurückgelegten Strecke zu suchen. Bewegt sich der Empfänger vom Sender weg, nimmt der Raum zwischen zwei ankommenden Wellenbergen zu. Dadurch, dass die Geschwindigkeit der ankommenden Wellenberge mit c konstant ist, muss die Periodendauer zunehmen und damit die Frequenz abnehmen, was zu einer Rotverschiebung führt. Bewegt sich der Empfänger auf den Sender zu, nimmt der Raum zwischen zwei Wellenfronten ab. Dadurch, dass die Frequenz steigt, findet eine Blauverschiebung statt[18]. Damit die Berechnung der Geschwindigkeit der Erde auf ihrer Bahn um die Sonne möglichst genau gelingt, muss sich die Erde im besten Fall dem Stern auf einer Geraden annähern bzw. sich von ihm auf einer Geraden ohne Querbewegung entfernen. Der Stern sollte damit idealerweise auf jener Bahn befinden, auf der sich die Erde um die Sonne bewegt, der Ekliptik. Für die Abweichung von der Ekliptikebene kann ein Korrekturfaktor verwendet werden, der sich aus dem Kosinus vom Winkel zwischen tatsächlicher Sternposition und Ekliptik (sprich die ekliptikale Breite des Sterns) ergibt.

Umsetzungen des Verfahrens zur Bestimmung der Astronomischen Einheit finden in Kapitel 4 statt, bevor die didaktischen Szenarien im Detail in Kapitel 5 vorgestellt werden.

[18] Diese Erklärung ist nur für Geschwindigkeiten $v \cdot c$ gültig. Wenn diese Forderung nicht erfüllt ist, müssen Zeitdilatation und Längenkontraktion miteinbezogen werden.

3 Didaktische Grundlagen

Als Didaktik wird unter anderem die „Lehre vom Lehren und Lernen“ (Dudenredaktion, o.D.a) bezeichnet und als „Szenario“ wiederrum ein „Modell der Abfolge von möglichen Ereignissen oder der hypothetischen Durchführung einer Sache“ (Dudenredaktion, o.D.b). Unter einem „Didaktischen Szenario“ wird demnach in dieser Arbeit eine Lernumgebung in Form von Methodiken und fachlichen Inhalten aufgefasst, die einem Lernenden in planvoller und strukturierter Weise ermöglichen soll, einen Lerngegenstand zu erfassen bzw. sich anzueignen. Um solch ein Szenario entwickeln zu können (das Adjektiv „erfolgreich“ zu verwenden, gestaltet sich in diesem Kontext als schwierig, wie sich an späterer Stelle innerhalb dieses Kapitels noch herausstellen wird), sollen im Nachfolgeden Grundzüge des Lernens und der Strukturierung von Lernangeboten (auch dieser Begriff ist bewusst anstelle des Begriffs der „Aufgabe“ gewählt worden) anhand einschlägiger Literatur[1] dargelegt werden.

Die antizipierten Szenarien sollen in erster Linie für Studierende eines Master-Lehramtsstudiengangs in der Physik konzipiert werden und ihren Einsatz innerhalb eines Praktikums zur Astrophysik wiederfinden. Weitere Möglichkeiten für den Einsatz der Lernumgebungen werden im abschließenden Teil dieser Arbeit, dem Fazit, diskutiert. Studentinnen und Studenten sollen sich in der Hochschule in besonderer Weise Wissenschaft aneignen. Tremp spricht dabei davon, dass die Wissenschaftsdidaktik „die Studierenden als Novizen der Wissenschaft“ (2022, S. 182) ansieht. Diese Ansicht würde sich dementsprechend darin äußern, dass, im Gegensatz zur Schülerin/zum Schüler, Studierenden keine

[1] Die hier vorgestellten didaktischen Grundlagen basieren auf der nachfolgend genannten Literatur: Edelmann und Wittmann (2019) und Kircher et al. (2020a). Wenn Informationen abweichend gewonnen wurden, so wird dies explizit durch einen Verweis auf die entsprechende Quelle angegeben.

M. zur Mühlen, *Auswertung historischer Sternspektren*, BestMasters,
https://doi.org/10.1007/978-3-658-50162-4_3

Verordnungen auferlegt werden, sondern ein Selbststudium stattfindet, das seine Wirkung durch „Selbstverpflichtung und Interesse“ (Tremp, 2022, S. 183) entfalten soll. Eine Wissenschaftsdidaktik rückt damit den Gegenstand, Wissenschaft und Forschung, in den Vordergrund und baut auf dem gewissenhaften selbstständigen Studieren der Studentinnen und Studenten, sowohl in und außerhalb von Vorlesungen und Seminaren, auf. Lehrende geben Studierenden dabei durch eine Vermittlung zwischen der Wissenschaft und ihnen, den Studierenden, die Möglichkeit, sich Wissenschaft anzueignen. Einen möglichen Zugang zur Wissenschaft und zur sog. „Nature of Science“[2] können unter anderem in der Physik historische Experimente bieten. Auf diese Weise kann Physik als sich wandelnde, dynamische Wissenschaft wahrgenommen werden (Mercier & Heering, 2021). Die Besonderheit der hier vorgestellten didaktischen Szenarien soll ihr Bezug auf Inhalte der Wissenschaftsgeschichte bzw. sogar die Verwebung derer mit den Lernumgebungen sein.

Da jedes Individuum allerdings seine Umwelt für sich konstruiert und es keine allgemeingültige Vorstellung der Realität gibt, müssen Lerninhalte zugänglich gestaltet werden. Daher sollten neue Lerninhalte Lernenden stückweise präsentiert werden, damit eine erfolgreiche Anknüpfung an vorhandenes Wissen gelingen kann. Solch eine Präsentation sähe dementsprechend eine Abwechslung zwischen Instruktion und Konstruktion vor. Die didaktischen Lernumgebungen träten damit (anstelle einer Lehrkraft in der Schule) „als Moderator des Lernprozesses auf“ (Kircher et al., 2020b, S. 9). Für eine stückweise Präsentation bzw. Darlegung der Lerninhalte spräche auch, wie Begriffe und Begriffsnetze durch Lernende gebildet werden. Jedem Begriff liegt ein Begriffsnetz zugrunde, in das ein Begriff zusammen mit zugehörigen anderen Begriffen eingebettet wird. Begriffen ist außerdem nicht nur die reine Bezeichnung inhärent, sondern auch eine „Binnenstruktur“ (Edelmann & Wittmann, 2019, S. 108), die auch als die dem Begriffe zugrundeliegende Theorie bezeichnet werden kann. Neues Wissen wird daher in vorhandene Begriffsnetze eingeordnet und Lernangebote sollten so aufgebaut sein, dass sie vom Allgemeinen ausgehen und zum Speziellen überleiten. Darlegungen des Lerninhalts können auf der einen Seite das rezeptive Lernen (bspw. eine Vorlesung) und demgegenüber Lernformen, die auf die selbstständige Entdeckung des Lernstoffs zählen, wenn der Lerninhalt also nicht in fertiger Form dargelegt wird, sein. Ziel sollte es damit sein, Lernaktivitäten zu gestalten, die

[2] Der Begriff soll an dieser Stelle nicht weiter erläutert werden, sondern lediglich als Begründung für ein historisch orientiertes Physikstudium im Lehramt dienen. Mehr Informationen über die Nature of Science und deren Auslegung kann unter anderem in Hoyningen-Huene (2008) gefunden werden.

aus dem für das Zielpublikum richtigen Verhältnis zwischen Instruktion bzw. Perspektivbildung und selbstständiger Konstruktion bzw. Entdeckung der Lerninhalte bestehen. Unabhängig davon bleibt das „wichtigste Merkmal des sinnvollen Lernens … die Interaktion von bereits vorhandenen kognitiven Strukturen mit dem neuen Lernstoff" (Edelmann & Wittmann, 2019, S. 122). Von den bereits angesprochenen Varianten für die zugrundeliegenden Methodiken von Lernangeboten (instruktionale und selbstbestimmende) ist vor allem der letzteren die Handlung innenliegend. Als Handlung wird eine „Aktivität auf der Grundlage einer Zielbildung und der Umsetzung eines situational angepassten Handlungsskripts (Innensteuerung)" (Edelmann & Wittmann, 2019, S. 241) beschrieben. Initiiert werden kann eine Handlung durch einen Reiz, der wiederum von außen an ein Individuum herangetragen wird. Er bestünde im Fall von Lernumgebungen aus einem Inhalt, der ein gewünschtes Verhalten beim Lernenden auslösen soll. Optimale Lernumgebungen würden damit das Ziel haben, die Lernenden weder zu überfordern noch zu unterfordern. In selbstgesteuerten Lernumgebungen könnte dann außerdem ein Flow-Erleben bei den Lernenden einsetzen. Ein Flow-Erleben kann sich dann einstellen, wenn die „Passung (Balance) zwischen Anforderung und Fähigkeit [der Lernenden]" (Rheinberg & Engeser, 2018, S. 441) getroffen wird. Im Flow-Erleben steht dann nicht mehr die Erfüllung der Aufgabe im Vordergrund, sondern die Tätigkeit selbst. Das Flow-Erleben ist der Prototyp der intrinsisch motivierten Aufgabenerfüllung. Lernumgebungen müssen allerdings solch einen Zustand ermöglichen können.

Aufgaben können eine Methodik darstellen, Lernende zu Handlungen aufzufordern (weiter oben als Reiz beschrieben). Dabei müssen die Schritte, die zur Erfüllung der Aufgabe nötig sind, ein an die Lernenden angepasstes Niveau, sowohl fachlich wie sprachlich, aufweisen können. Ausgehend von dem fachlichen Inhalt (wie bspw. dem Sternspektrum) können dann verschiedene Anpassungen des Lernstoffs stattfinden. Zu diesen Methoden zählen bspw. die Elementarisierung, die didaktische Reduktion, Rekonstruktion und auch das EIS-Prinzip nach Bruner. Die Elementarisierung entspricht dabei in dreierlei Art einer Anpassung des Lernstoffs. Auf didaktischer Ebene das Anpassen der Erklärungen des Lernstoffs mit Blick auf die Lernenden, auf inhaltlicher Ebene eine Zerlegung des Lernstoffs in seine elementaren Bestandteile und auf methodischer Ebene eine Zerlegung der Handlungen, die zur Erreichung des Ziels nötig sind, in einzelne durchführbare Arbeitsschritte. Die didaktische Rekonstruktion entwächst aus der Elementarisierung. Bei der Rekonstruktion werden Lerninhalte schrittweise auf dem Vorwissen und den Vorerfahrungen der Lernenden aufgebaut. Auch hier stehen erneut die Lernenden und ihre individuellen Fähigkeiten auf methodischer und fachlicher Ebene im Vordergrund. Eine Rekonstruktion von fachlichen Inhalten sollte dann „fachgerecht, schülergerecht und zielgerecht" (Kircher & Girwidz, 2020, S. 182) erfolgen. Eine Rekonstruktion ist dann fachgerecht, wenn sie dem Lerngegenstand zuträglich gewählt und erweiterbar ist. Als erweiterbar wird in diesem Zusammenhang eine Theorie bezeichnet, an die zu einem späteren Zeitpunkt weiter angeknüpft werden kann. Schülergerecht könnte im Zusammenhang mit den hier vorgestellten Materialien auch als studierendengerecht bezeichnet werden. Die Rekonstruktion soll sich an dem orientieren, was die Lernenden, in diesem Falle die Studierenden, an Ressourcen besitzen, dazu zählen auch intuitive Konzepte (Schülervorstellungen). Der Begriff „schülergerecht" fordert damit von der Rekonstruktion, dass sie „psychologisch und soziologisch" (Kircher & Girwidz, 2020, S. 184) angemessen ist. Zielgerecht bezeichnet schließlich die auf das Ziel ausgerichtete Rekonstruktion des physikalischen Inhalts. Eine Analyse aller drei Forderungen kann schließlich eine adäquate Rekonstruktion ermöglichen, wobei je nach Kontext andere Aspekte im Vordergrund stehen sollten. Im Beispiel der Universität stünde im Sinne der Studierenden die Forderung nach der fachlichen Relevanz und vor allen Dingen die inhaltliche Präzision im Vordergrund ohne jedoch die Studierenden und ihre bisherigen gelernten Inhalte außer Acht zu lassen. Als Gegenbeispiel stünde in einer Grundschule eindeutig die Forderung nach Anpassung des Inhalts an die Lernenden im Vordergrund. Nicht unmittelbar trennbar von den Begriffen der Rekonstruktion und Elementarisierung sind die Inhalte des EIS-Prinzips. Dabei handelt es sich um verschiedene Formen von Interaktion mit bzw. Darstellungsformen von einem Lerngegenstand. Diese können enaktiv, ikonisch und symbolisch sein. Enaktive sind dabei mit konkreten Handlungen am Objekt, ikonische mit grafischen oder bildhaften und symbolische mit schriftlichen bzw. mathematischen Darstellungen verbunden. Die nicht unmittelbare Trennbarkeit entspringt daraus, dass für die Rekonstruktion eine der vom EIS-Prinzip beschriebenen Formen verwendet werden kann. Je nach Zielgruppe kann es dann sinnvoll oder auch nötig sein, Darstellungsformen bevorzugt zu nutzen und zu wechseln. Bspw. böte sich für Studierende vornehmlich die symbolische Darstellung an, da diese „maximal informativ bei einem Minimum an verwendeten Zeichen und Symbolen" (Kircher & Girwidz, 2020, S. 168) sein kann. Auf der anderen Seite können wiederum ikonische Formen dafür verwendet werden, komplexe und zum Teil nicht direkt beobachtbare Prozesse vereinfacht und unter Umständen verständlicher als die symbolische Form darstellen zu können (Beispiele hierfür wären unter anderem die Darstellungen in den Abbildungen 2.15 und 2.17 zur Beugung bzw. Brechung von Licht).

Ein letztes didaktisches Element, das im Zusammenhang mit Lernumgebungen und instruierten Aufforderungen zu Handlungen präzisiert werden sollte, ist die

Unterscheidung zwischen einer Aufgabe und einem Problem. Dem Lernenden sei nun eine Handlungsaufforderung dargelegt. Dies kann sowohl in mündlicher wie auch in schriftlicher Form erfolgen, wobei sich an dieser Stelle auf die schriftliche Form konzentriert werden soll. Solche Aufforderungen sind typischerweise so strukturiert, dass sie ein den Lernenden bekanntes Ziel, wie innerhalb dieses Dokuments den Wert der Astronomischen Einheit bestimmt zu haben, aufweisen. Der wesentliche Unterschied zwischen einer Aufgabe und einem Problem ist es nun, dass die Bearbeitenden bei der Aufgabe die Mittel zur Zielerreichung (die Lösung) bereits besitzen und bei einem Problem noch nicht über die erforderlichen Mittel verfügen, der „Handlungsplan eines Problemlösers weist also Lücken auf, die ihn an einem routinemäßigen Vorgehen hindern" (Stiller et al., 2021, S. 3). Ein behutsames Heranführen der Lernenden an das Problem ist daher wichtig, denn die Lernenden sehen sich am Anfang ihres Problems, der Handlungsaufforderung, einer Barriere gegenüber, die mit den Mitteln, die sie bisher internalisiert haben, nicht auf direktem Wege überqueren können. Wie groß diese Barriere ist, derer sich Lernende beim Problemlösen gegenübersehen, hängt auch von ihren eigenen Fähigkeiten und Heuristiken ab. Schoenfeld beschrieb das Problemlösen als einen relativen Akt:

> The same tasks that call for significant efforts from some students may well be routine exercises for others, and answering them may just be a matter of recall for a given mathematician. Thus being a "problem" is not a property inherent in a mathematical task. Rather, it is a particular relationship between the individual and the task that makes the task a problem for that person. (Schoenfeld, 1988, S. 74)

Die Erstellung von nicht in Echtzeit anpassbaren schriftlichen Lernumgebungen (etwa durch Hilfestellungen durch die Lehrenden bzw. Dozierenden) stellt daher einen Balanceakt zwischen nötiger Instruktion und einer wohlüberlegten Auswahl von typischerweise als Problem empfundener Lernaktivitäten, die das lerngruppentypische Anforderungsniveau berücksichtigt, dar. Eine Berücksichtigung von Methoden wie der Elementarisierung, Rekonstruktion und dem EIS-Prinzips können dabei bei der Erstellung von Lernumgebungen herangezogen werden. Jedoch sei abschließend erwähnt, dass auch unter Berücksichtigung aller erwähnten Aspekte lediglich die Wahrscheinlichkeit für einen Lernerfolg erhöht werden kann. Im Sinne von Helmke und seines Angebots-Nutzungs-Modell von Unterricht sind dargebotene Lernaktivitäten lediglich ein Angebot an die Lernenden und „ob und wie effizient dieses Angebot genutzt wird, hängt von einer Vielzahl dazwischenliegender Faktoren ab" (Helmke, 2009, S. 71).

Die Verarbeitung der historischen Sternspektren

4

Im Nachfolgenden werden die historischen mit Spektren versehenen Fotoplatten, anhand derer die Berechnung der Astronomischen Einheit stattfinden soll, im Detail vorgestellt. Dazu sollen zuerst auf die Hintergründe der Spektren eingegangen und eine detaillierte durch ein Mikroskop erstellte Aufnahme betrachtet werden, bevor im daran anschließenden Unterkapitel der Scanvorgang und eine der Bilddateien näher betrachtet werden. Das Kapitel abschließen wird eine kritische Auseinandersetzung mit der Frage, ob die Spektren für eine Bestimmung der Spektralklasse geeignet wären und die Ermittlung der Astronomischen Einheit nach dem in Abschnitt 2.8 vorgestellten Verfahren.

4.1 Die historischen Aufnahmen im Detail

Küstner nahm die hier vorgestellten Spektren zwischen dem 13.08.1904 und 13.02.1905 auf, mit dem Ziel die Astronomische Einheit aus der „Linienverschiebung, die im Spektrum eines in der Ebene der Erdbahn gelegenen Sternes periodisch infolge des jährlichen Umlaufes der Erde um die Sonne“ (1919, S. 541) entsteht, zu bestimmen. Für seine innerhalb dieser Arbeit in Abschnitt 2.8 schon erwähnte Veröffentlichung „Eine spektrographische Bestimmung der Sonnenparallaxe“ aus dem Jahr 1905 verwendete er jedoch einen anderen Satz von Spektren, sodass die hier vorgestellten Spektren bisher unveröffentlicht blieben. Die Spektren fertigte Küstner

Ergänzende Information Die elektronische Version dieses Kapitels enthält Zusatzmaterial, auf das über folgenden Link zugegriffen werden kann https://doi.org/10.1007/978-3-658-50162-4_4.

M. zur Mühlen, *Auswertung historischer Sternspektren*, BestMasters,
https://doi.org/10.1007/978-3-658-50162-4_4

an einem 1899 im Garten der Universitätssternwarte Bonn aufgestellten Zwillingsrefraktor an. Sie wurden durch einen aus drei Prismen bestehenden Prismensatz erzeugt und auf „gewöhnlichen Rapidplatten" (Küstner, 1904, S. 177) der Firma AGFA aufgenommen[1]. Die optischen Elemente, die für die Aufnahme der Spektren nötig sind, wurden für den blauen Spektralbereich angefertigt, sodass der von chromatischer Aberration (siehe den Abschnitt in Abschnitt 2.6 zum Brechungsindex für verschiedene Wellenlängen, nun allerdings im Zusammenhang mit Linsen und nicht Prismen) befreite Bereich zwischen den Wellenlängen 400 nm und 450 nm liegt (Küstner, 1904). Küstner entschied sich weiter dafür, für die Aufnahme Glasplatten anstelle eines Films zu verwenden. Das hätte den Vorteil gehabt, dass der Film sich der Ebene, in der das Spektrum scharf abgebildet wird, hätte anschmiegen können, jedoch unter Verlust von Genauigkeit, die für Küstner die höchste Priorität darstellte (Küstner, 1904). Das Spektrum sei entsprechend um die H_γ-Linie (433,94 nm, Tabelle 2.1) am schärfsten abgebildet worden. Für die Erstellung des Referenzspektrums wurde ein Eisenbogen verwendet. Die Fotoplatte wurde je einmal zum Beginn, doppelt so lange nach der Hälfte und zum Ende der Aufnahme mit dem Spektrum des Eisenbogens belichtet. Nach den in Abschnitt 2.6 umrissenen Arbeitsschritten entstand so das heute noch auf der Platte sichtbare Spektrum des Sterns. Im Falle der Spektren, die im Rahmen dieser Arbeit vorgestellt werden, handelt es sich um Aufnahmen des Sterns Alpha Persei, einem schwächeren Überriesen der Spektralklasse F5 ("* Alf Per," 2000). Die etwa 119 mm breiten und 29 mm hohen Fotoplatten wurden systematisch mit Nummern beschriftet und anschließend in einer für längliche Glasplatten angefertigten Mappe gelagert. Eine Gesamtübersicht über die Mappe wird unter Anhang 4 im elektronischen Zusatzmaterial und ebenfalls im elektronischen Zusatzmaterial unter Anhang 6 daran anschließend zusätzliche durch Küstner oder seine Mitarbeiter eingetragene Informationen wie die Belichtungszeit oder auch Einschätzungen des Autors über den optischen Zustand der Glasplatten gegeben.

[1] Zur Aufnahme von Spektren gehören noch weitere Elemente wie die Kollimation oder die Verwendung von Spalten, die jedoch die Erläuterungen über das nötige Maß hinaus verkomplizieren würden, daher blieben diese Präzisierungen auch in Kapitel 2 gänzlich unerwähnt. An dieser Stelle soll daher für weiterführende Informationen zu den Aufnahmen auf die Werke von Küstner aus den Jahren 1904, 1905 und 1919 verwiesen werden.

In den Abbildungen 4.1 und 4.2 wird eines der im Jahr 1904 aufgenommenen Spektren gezeigt. Ungefähr mittig befindet sich das Spektrum des Sterns und linksseitig die Beschriftung. Die Größe des Spektrums beträgt dabei ungefähr 0,2 Millimeter in der Höhe und etwa 58 mm in der Breite, wobei der später ausgewertete Bereich deutlich kürzer ausfällt. Die Platte wurde dabei mit der Emulsion nach oben liegend fotografiert, die Wellenlänge steigt von rechts nach links an.

Abbildung 4.1 Aufnahme Nummer 260 des Spektrums des Sterns Alpha Persei, belichtet am 25.08.1904

Oben mittig in Abbildung 4.2, die mithilfe eines Mikroskops angefertigt wurde, befindet sich das Sternspektrum. Oberhalb und unterhalb des Sternspektrums lassen sich die Linien, die durch das Licht des Eisenbogens auf die Platte aufgetragen wurden, finden. Auffallend ist die körnige Struktur der belichteten Stellen. Die Schwärzung nimmt zu, je intensiver das Licht an den entsprechenden Stellen war. Außerdem können einzelne Absorptionslinien des Spektrums von Alpha Persei erkannt werden.

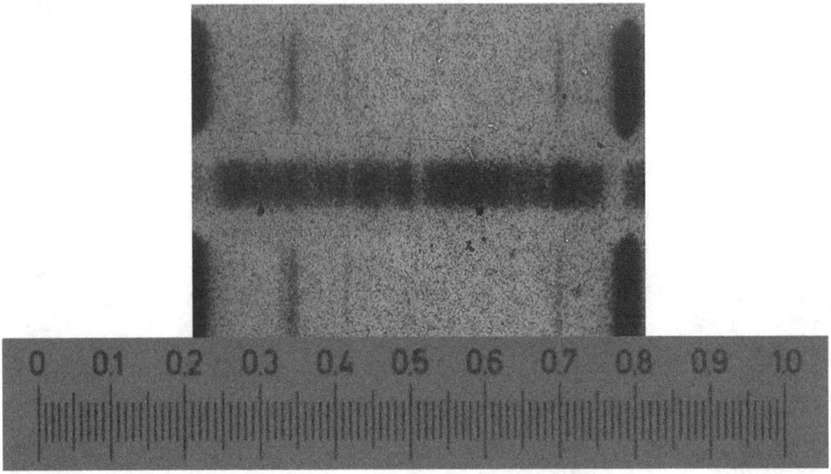

Abbildung 4.2 Aufnahme eines der Spektren durch ein Mikroskop (oben) mit angefügter Aufnahme eines Maßstabs der Länge 1 mm bei gleicher Vergrößerung (unten)

4.2 Digitalisierung der historischen Spektren

Die Digitalisierung der Spektren erfolgte mit einem Durchlichtscanner der Marke Epson. Bei dem Modell handelte es sich um einen Epson Perfection V850 Pro (Seiko Epson Corporation, 2020). Dieser besteht im Wesentlichen aus zwei Teilen: Einem Vorlagenglas, auf dem die Dokumente oder Bilder platziert werden können und einem Deckel, in dem sich ein Lichtbalken mit weißen LEDs befindet. Bei einem Scanvorgang fährt nun im unteren Segment eine CCD-Einheit simultan, falls entsprechend in der Scansoftware ausgewählt, mit dem Lichtbalken von hinten nach vorne und nimmt das durchleuchtete Foto zeilenweise auf. Als Software für den Scanvorgang wurde sich für Epson Scan 2 (Seiko Epson Corporation & Independent JPEG Group, 2023) entschieden. Diese Entscheidung wurde getroffen, da es in Epson Scan 2 in einfacher Weise möglich war, lineare Bilddateien (zur Bedeutung der Linearität siehe Abbildung 2.23) zu erhalten. Bei den ausgegebenen Bilddateien handelt es sich um das unkomprimierte Tiff-Format. In den Einstellungen von Epson Scan 2 lassen sich einige Optionen zur Auflösung und anderen Parametern finden. Es wurde sich für die nativ höchstmögliche Auflösung von 6400 dpi (dots per inch)[2]

[2] Im Fall von Bildsensoren werden die Begriffe dpi und ppi (pixel per inch) oft synonym verwendet und haben dieselbe Bedeutung.

bei einer Auslesegenauigkeit von 16 Bit entschieden. Für die Belichtungszeit der einzelnen Zeilen wird zu Beginn des Scanvorgangs mutmaßlich eine automatische Kalibration durchgeführt. Die dabei vom Scanner gewählte Belichtungszeit erzeugt dabei weder unter noch überbelichtete Bilder. Nach der unter anderem in der Software PixInsight (Pleiades Astrophoto, 2024) durch den Prozess „Statistics" verfügbaren Statistik des Bildes, befindet sich der Mittelwert des Bildes bei 8330 ADU, das Maximum bei 61542 ADU und das Minimum bei 2806 ADU. Die Spektren werden für den Scanprozess mit der Emulsion nach unten und der Beschriftung nach links zeigend im Scanner platziert. Die auf diesem Wege erhaltenen Abbilder der Spektren weisen eine, wie sich im weiteren Verlauf noch zeigen wird, für das in dieser Arbeit verfolgte Auswertungsziel völlig ausreichende Qualität auf. In Abbildung 4.3 wird das schon aus Abbildung 4.1 bekannte Spektrum mit der Nummer 260 gezeigt. Erneut handelt es sich um die gesamte Platte (Abbildung 4.3 oben) und einen Ausschnitt des Bereichs um die H_γ-Linie (Abbildung 4.3 mittig). Zusätzlich wurde ein starker Zuschnitt auf den Bereich um die H_γ-Linie angefügt (Abbildung 4.3 unten). Unter Umständen (siehe Abschnitt 2.7 Fußnote 17) kann die graduelle Abnahme der ADU von der Mitte nach oben hin und die zeilenweise Aufnahme durch den CCD-Sensor erkannt werden. Zu bemerken ist, dass das Spektrum durch den Scanvorgang nunmehr im Vergleich zu Abbildung 4.1 horizontal gespiegelt wurde. Dies vereinfacht den späteren Prozess der Auswertung, da eine manuelle Spiegelung an jener Stelle entfallen kann. Die Wellenlängen steigen im Scan von links nach rechts an.

Aus der körnigen Struktur wurden nunmehr digitale Abstufungen der Helligkeiten in den vom Pixel des Bildsensors umfassenden Bereichs. Insgesamt umfasst jeder Scan ungefähr 29800 px in der Breite und 5500 px in der Höhe. Variationen kamen aufgrund uneinheitlicher Größen der Glasplatten und Zuschnitte auf die zu scannende Fläche in Epson Scan 2 zustande. Das Spektrum selbst wurde dabei jedoch nie beschnitten oder beeinträchtigt, da diese sich stets mittig auf der Glasplatte befinden. Eine Gesamtübersicht wird unter Anhang 5 im elektronischen Zusatzmaterial gegeben. Bisher nicht genannt wurde, dass der Scan, der Abbildung 4.3 zugrunde liegt, und alle weiteren Platten als Schwarz-Weiß-Negativ aufgenommen wurde. Die dunklen Stellen aus Abbildung 4.2 werden nunmehr als helle Stellen dargestellt und umgekehrt. Es handelt sich dementsprechend um das Schwarzweißpositiv-Bild des nun in einer Software auswertbaren Spektrums von Alpha Persei.

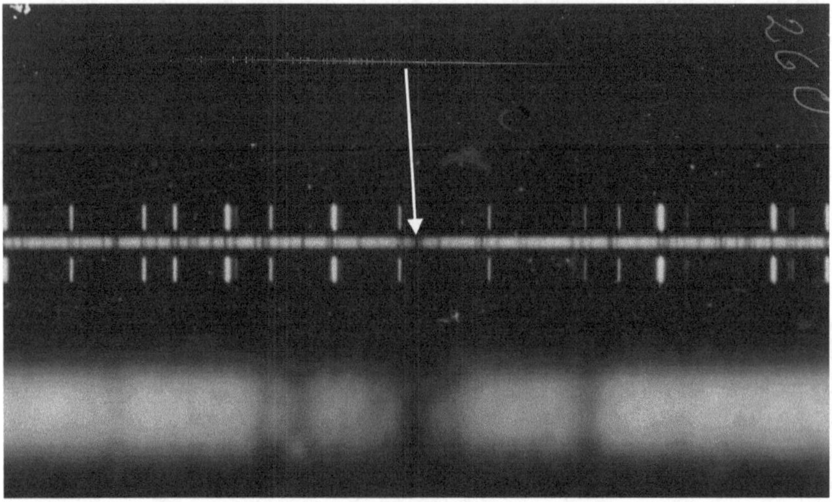

Abbildung 4.3 Oben das eingescannte Spektrum Nummer 260 von Alpha Persei, mittig der Zuschnitt auf den Bereich um die H_γ-Linie und unten der stark vergrößerte Bereich um die H_γ-Linie. Bei den dargestellten Bildern handelt es sich um das ins PNG-Dateiformat konvertierte Original bzw. Ausschnitte dessen ohne weitere Anpassungen

4.3 Das historische Spektrum in der modernen Software

Im Nachfolgenden wird beschrieben, wie der Scan des historischen Spektrums mit der Software BASS Spectro (BASS) verarbeitet werden kann. Dazu wird der Prozess bis zum eingelesenen in der Wellenlänge kalibrierten Spektrum beschrieben. Das Kapitel abschließen werden eben jene genaueren Betrachtungen im Hinblick auf die Umsetzung didaktischer Einsatzszenarien und im darauffolgenden Kapitel eine Bestimmung der Astronomischen Einheit mithilfe der verwertbaren und zur Verfügung stehenden Spektren von Alpha Persei. An dieser Stelle soll, bevor das Verfahren für die Vorbereitung beschrieben wird, begründet werden, warum sich für die Bestimmung der Spektralklasse für das Spektrum mit der Nummer 265 entschieden wurde. Im Vorhinein wurden alle gescannten Spektren im Detail betrachtet und vor allem darauf geachtet, wie intensiv der kurzwellige Bereich des Spektrums ist, da sich in diesem, für die Identifikation der Spektralklasse nach dem in 2.8 vorgestellten Verfahren, wichtige Absorptionslinien befinden können. Im Falle von Spektrum 265 war dieser Bereich im

Gegensatz zu den anderen Platten am stärksten ausgeprägt. Auch in den der Spektren beiliegenden Unterlagen ist ein Vermerk zu finden, der darauf hindeutet, dass sich das Spektrum mit der Nummer 265 von den anderen Spektren unterscheidet. In dem entsprechenden Beitrag heißt es (womöglich) „Anfang" oder auch „Anwendung zu stark". Ein Bild des Eintrags wird nachfolgend in Abbildung 4.4 gegeben.

Abbildung 4.4 Eintrag zu Spektrum 265 mit Beschreibung „29/8 2,8h An. zu stark, scharf. gut"

Wie in Abschnitt 4.2 angesprochen, beträgt die Größe der gescannten Fotoplatte ungefähr 29800 px mal 5500 px. Damit sind die Dimensionen der Datei für die Verwendung mit BASS Spectro zu groß. Außerdem liegen die Spektren meist nicht gerade (genug) auf der Platte, sodass diese noch geradegestellt werden müssen. Zumindest ersterer Prozess, ein Zuschnitt auf den das Spektrum umfassenden Bereich, muss, bevor das Spektrum verwendet werden kann, im Vorhinein durchgeführt werden. Für das Geradestellen böte BASS eine Funktion an, wobei das Spektrum, aufgrund seiner Pixeldimensionen im Vorhinein annähernd geradegestellt werden sollte, um eine akkurate Auswertung mit BASS zu bewahren (in Bezug auf die Auswahlregionen wird darauf an späterer Stelle genauer eingegangen). Für die Vorbereitung der Spektren wird innerhalb dieses Kapitels der Prozess „DynamicCrop" innerhalb von PixInsight verwendet. Dieser bietet den Vorteil, dass die Datei innerhalb von einem Arbeitsschritt sowohl rotiert wie auch zugeschnitten werden kann. Außerdem wird die Möglichkeit geboten, pixelgenaue Zuschnitte anfertigen zu können. Wie auch in Abschnitt 2.8, soll in Abschnitt 4.4 zuerst mit der Bestimmung der Spektralklasse begonnen werden. Daher soll auch an dieser Stelle zuerst die Vorbereitung des Spektrums 265 beschrieben werden. Zur Bestimmung der Spektralklasse wird das gesamte verfügbare Spektrum benötigt. Das Verfahren für die Zuschnitte, die für die Bestimmung der Astronomischen Einheit verwendet werden sollen, ist diesem jedoch ähnlich. Nach dem Öffnen in PixInsight wird im DynamicCrop-Prozess der Auswahlrahmen auf das Sternspektrum verkleinert. Um für die Rotation genügend Freiraum links und rechts zu haben, wird der Rahmen links sowie rechts etwas verkleinert, sodass eine Breite von 22500 px verbleibt. Im nächsten Schritt findet die Rotation statt. Dafür wird auf den langwelligen Teil des Spektrums vergrößert und der Rahmen entsprechend am Spektrum durch Rotation ausgerichtet.

Die Beschränkung auf einen der Randbereiche kann den Vorteil bieten, dass sich die Rotation um das Zentrum des Zuschnitt-Fensters feinfühliger einstellen lässt. Ist der Rahmen parallel zum Spektrum ausgerichtet, wird die Höhe auf 600 px festgelegt und das Zentrum des Rahmens auf das Spektrum gesetzt. Der resultierende Rahmen wird in Abbildung 4.5 dargestellt. Abschließend wird der DynamicCrop-Prozess angewendet. Für die Spektren, die für die Bestimmung der Astronomischen Einheit verwendet wurden, wurde der Prozess einheitlich angewendet, wobei der Rahmen rechts wie links an Eisenlinien orientiert wurde. Die Zuschnitte erhalten damit eine Breite von ungefähr 2400 px. Abbildung 4.3 zeigt mittig den entsprechenden für die Bestimmungen der Doppler-Verschiebungen verwendeten Zuschnitt um die H_γ-Linie. Die Speicherung folgt im FITS-Dateiformat. Für die Konvertierung wurde sich aus dem Grunde entschieden, dass FITS das Standard-Format in astronomischen Anwendungen darstellt und ebenso wie das TIFF-Format in geöffneter Form ein unkomprimiertes Bildformat darstellt (FITS Working Group, 2016). Das annähernd geradegestellte zugeschnittene Spektrum kann nun durch BASS eingelesen werden.[3]

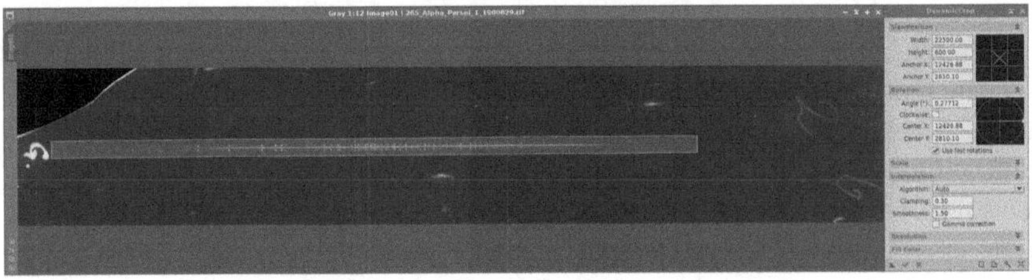

Abbildung 4.5 DynamicCrop-Prozess für Spektrum 265 (Screenshot aus PixInsight)

In BASS kann das Spektrum, falls es noch nicht gerade sein sollte, nun endgültig geradegestellt werden, indem mithilfe des Prozesses „Rotate/Tilt correction" eine parallele Gerade zum Spektrum gezeichnet und das Bild durch BASS um den entsprechenden Winkel zur Horizontalen rotiert wird. Ist dieser Winkel zu groß, können am oberen und unteren Rand Artefakte auftreten. Dies kann Einfluss auf den nachfolgenden Prozess nehmen. Unter Umständen bleibt außerdem durch einen Zuschnitt auf den verwertbaren Bereich nicht mehr genügend Freiraum für

[3] Grundlage der nachfolgenden Beschreibungen bildet das Benutzerhandbuch zu BASS von Paraskeva (2019).

die Auswahlregionen, die den nächsten Schritt bilden. Ein Beispiel für die Folgen eines derotierten zu Beginn stark gewinkelten Spektrums wird in Abbildung 4.6 gegeben.

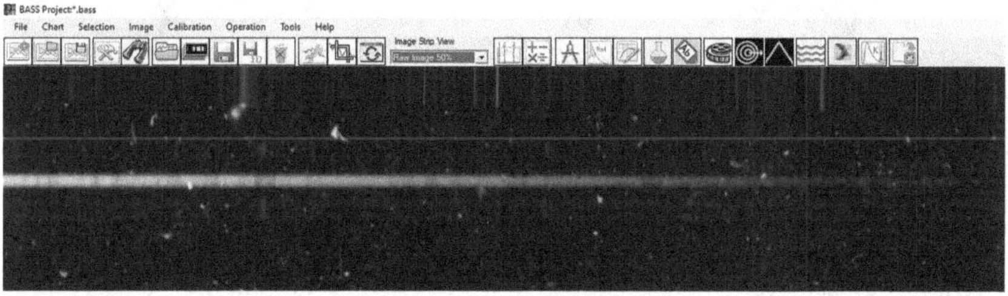

Abbildung 4.6 Artefakte am oberen Rand von Spektrum 265 durch zu starke Rotation mit BASS (Screenshot aus BASS). Die hellere Darstellung ist nur kosmetischer Natur

Zu den Regionen zählen die „Substraction Region 1“, „Substraction Region 2“ und die „Active Binning Region“. Mithilfe letzterer wird festgelegt, welcher Bereich für die Erstellung des Graphen relevant ist. Da sich auf der Fotoplatte sowohl das Spektrum wie auch die Linien des Eisenbogens befinden, ist eine Arbeit ohne die genannten Regionen nicht möglich. Die Substraction-Region wird auf den Hintergrund, auf dem sich weder Eisenlinien noch Spektrum des Sterns befinden, gelegt. Aus den beiden Regionen 1 und 2 wird der Mittelwert der ADU gebildet und von den ADU der Active-Binning-Region abgezogen. Auf diesem Weg bleibt als Information nur das Spektrum zurück. Die in Abbildung 4.6 gezeigten Artefakte würden dann zum Abzug dazuzählen und unter Umständen die Erstellung des Spektrallinienprofils beeinflussen. Die Active-Binning-Region legt dann fest, welche Bildteile zur Erstellung des Spektrums herangezogen werden sollen. Für die Auswertung der Spektren wurden immer oberhalb für Substraction-Region 1 100 px gewählt und unterhalb des Spektrums 100 px für Substraction-Region 2. Die Active-Binning-Region wurde um die Mitte des Spektrums platziert und umfasste in der Regel 20 px in der Höhe, wobei versucht wurde, stets die Mitte des Spektrums zu treffen. Für das hier exemplarisch betrachtete Spektrum 265 werden die resultierenden Auswahlregionen in Abbildung 4.7 dargestellt.

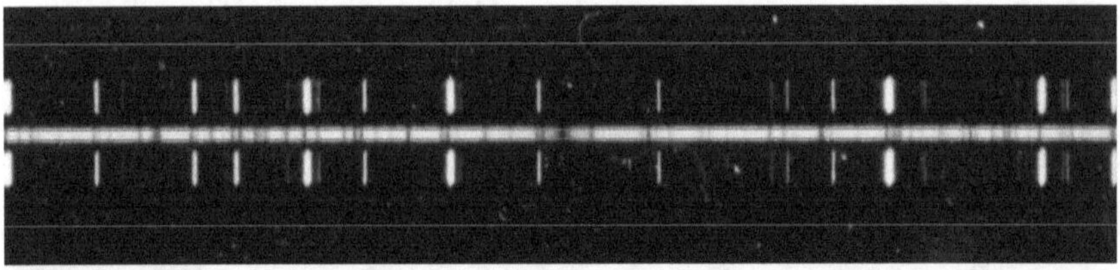

Abbildung 4.7 Auswahlregionen für den Abzug oberhalb und unterhalb der Eisenlinien und die Erstellung des Graphen auf dem Sternspektrum mittig, gezeigt anhand Spektrum 265

Bevor eine Auswertung des Spektrums durchgeführt werden kann, muss das Diagramm in der Wellenlänge kalibriert werden. Dazu kommen an dieser Stelle die Eisenlinien zum Einsatz. Da die Fotoplatte an der H_γ-Linie am Fokalpunkt anlag, wurde sich für die Kalibration auf diesen Bereich beschränkt. Dazu wurden aus Kramida und Ralchenko (1999) die infrage kommenden starken Linien des Eisens in dem Bereich zwischen 427 nm und 442 nm herausgesucht und den Linien des Eisenspektrums ihre entsprechenden Wellenlängen zugeordnet. Eine annotierte Version von Abbildung 4.3 (mitte) wird in Abbildung 4.8 dargestellt und in Tabelle 4.1 werden die dazugehörigen Wellenlängen des Eisens angegeben.

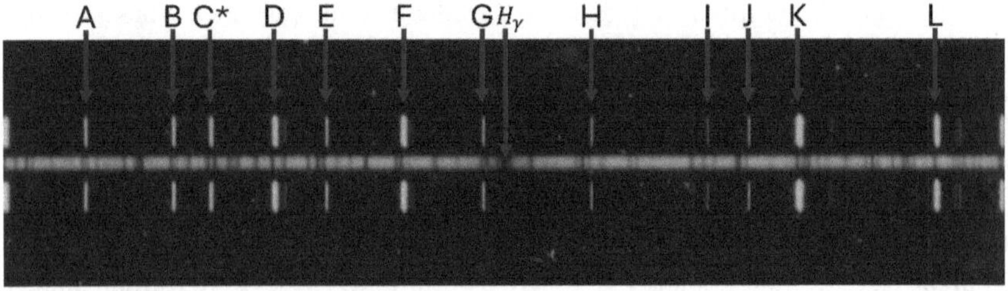

Abbildung 4.8 Annotierte Linien des Eisenspektrums von 427 nm bis 442 nm auf Platte 260

Tabelle 4.1 Wellenlängen der annotierten Linien aus Abbildung 4.8. Bei C* handelt es sich um zwei Emissionslinien, deren Zentrum unter Umständen schwierig zu bestimmen ist. Alle Angaben wurden Kramida und Ralchenko (1999) entnommen

Name	A	B	C*	D	E	F
λ [nm]	428,24026	429,41245	429,9235	430,79020	431,50843	432,57616
Name	G	H	I	J	K	L
λ [nm]	433,70460	435,27344	436,97715	437,59298	438,35447	440,47501

Da es sich wie in Abschnitt 4.1 beschrieben um mit Prismen erzeugte Spektren handelt, werden aufgrund der non-Linearität der Brechung zur Kalibration fünf der Eisenlinien (A, E, G, J und L) für eine polynomische Kalibration herangezogen. Auf diesem Wege wird der Fehler laut dem Werkzeug der Wellenlängenkalibration in BASS am geringsten. Eine Kalibration mit vier Linien würde an dieser Stelle ebenfalls ausreichen, jedoch entstünde dadurch (falls Linie G ausgeschlossen würde) eine große Lücke zwischen zwei Kalibrationspunkten. Daher wurde sich dazu entschieden, die fünfte Linie für eine gleichmäßige Distribution hinzuzunehmen. Wird die Active-Binning-Region auf das Spektrum zurückgesetzt, wird im Graph das nunmehr in der Wellenlänge kalibrierte Spektrallinienprofil angezeigt. In Abbildung 4.9 wird ein Zuschnitt auf den Teil der Platte dargestellt, der Informationen über das Sternspektrum enthält. Der Zuschnitt umfasst damit einen Bereich von 388 nm bis 488 nm. Mittig befindet sich die H_γ-Linie. Erkannt werden können unter anderem Eigenschaften stellarer Spektren wie das Vorhandensein von

Absorptionslinien in einem ansonsten kontinuierlichen Spektrum oder auch das Profil der Absorptionslinien, von denen eine im Nachfolgenden noch näher betrachtet werden soll. Außerdem wurde ein durch BASS zur Verfügung gestelltes Referenzspektrum eines F5I-Sterns eingetragen. Erkennbar ist die zu Beginn dieses Kapitels erwähnte Besonderheit von Spektrum 265 unterhalb von 400 nm. In Abbildung 4.10 wird der aus den bisherigen Abbildungen bekannte Teil von Spektrum 260 um die H_γ-Linie gezeigt. Hierbei wurde das Spektrum auf den Bereich zwischen 433 nm und 435 nm zugeschnitten, um den graduellen Verlauf der Absorptionslinien und die Auswirkungen der Digitalisierung in der Grafik darstellen zu können. Das Spektrum der Fotoplatte ist nunmehr in gleich breite Abschnitte, die Pixel des CCD-Sensors, eingeteilt worden[4] und weiter sind die Abstufungen, die durch den ADC eingetragen werden, deutlich erkennbar.

[4] Inwiefern die Körnung einer Fotoplatte kontinuierlicher in der Helligkeit verläuft, könnte diskutiert, an dieser Stelle jedoch nicht weiter vertieft werden.

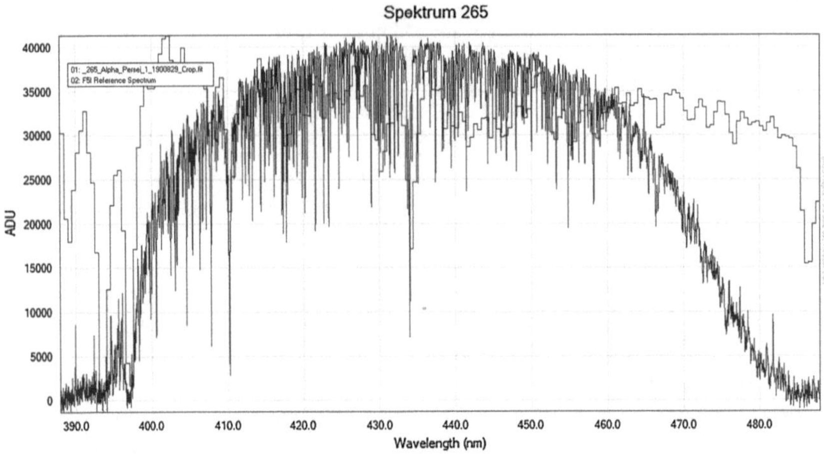

Abbildung 4.9 Zuschnitt auf das kalibrierte Spektrum der Platte 265

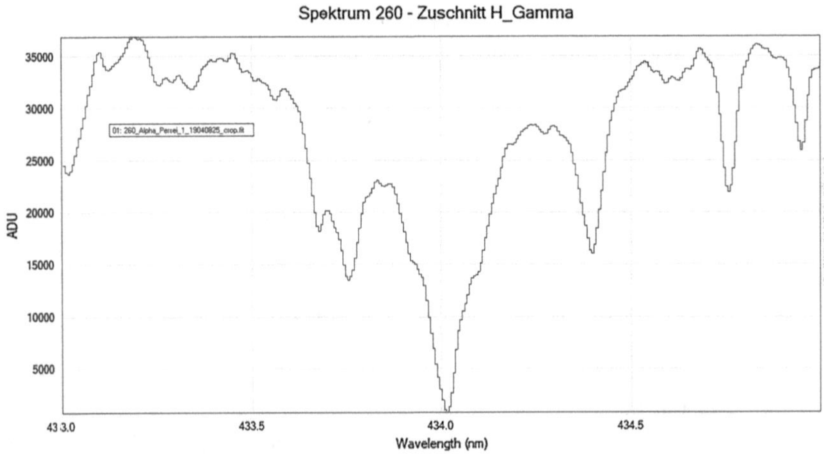

Abbildung 4.10 Zuschnitt auf 433 nm bis 435 nm von Spektrum 260

Bevor in Abschnitt 4.4 die Astronomische Einheit anhand der zur Verfügung stehenden Spektren bestimmt werden soll, wird im Nachfolgenden diskutiert, inwiefern sich Spektrum 265 zur Bestimmung der Spektralklasse eignen könnte. Für eine Bestimmung der Spektralklasse würde das in Abschnitt 2.8 vorgestellte Flussdiagramm und ein Zuschnitt wie er für Abbildung 4.9 angewendet wurde, zum Einsatz kommen. Sowohl die Balmer-Linien wie auch die FeI-Linie bei 432,57 nm sind deutlich zu erkennen. Die zum Calcium zugehörigen Absorptionslinien bei 393,366 nm und 396,847 nm hingegen lassen sich nicht ausmachen. In Abbildung 4.11 wird der infrage kommende Bereich des Spektrums gezeigt. Zur Orientierung wurden die Orte, in deren Nähe sich die beiden Calcium II-Linien befinden müssten und die H_δ-Linie eingetragen bzw. annotiert. Bei der Betrachtung muss beachtet werden, dass die tatsächlichen Positionen aufgrund des Doppler-Effekts grundsätzlich abweichen. Jedoch ist im Falle der CaII-Linie bei 396,847 nm nur das nicht zum Spektrum dazugehörige Rauschen sichtbar. Für die CaII-Linie, die sich bei 393,366 nm befinden müsste, gilt dasselbe. Unter Umständen wurde an dieser Stelle 1905 in der Anwendung ein Fehler begangen, worauf auch der in Abbildung 4.4 dargestellte Eintrag hinweisen könnte. Deshalb ist auch nicht auszuschließen, dass der Bereich zwischen 394 nm und 396,5 nm irrtümlicherweise an dieser Stelle exponiert wurde und durch einen Versatz der Platte zustande kam. Daher wird an dieser Stelle ausgeschlossen, dass die Bestimmung der Spektralklasse allein über das historische Spektrum stattfinden kann.

Die weitere Bestimmung beträfe einen Vergleich zwischen den Intensitäten verschiedener in diesem Abschnitt schon genannter Linien. Ein erster Vergleich beträfe die CaII-Linie bei 393,37 nm mit der H_γ-Linie. Dieser Vergleich kann nicht anhand des historischen Spektrums stattfinden. Hingegen kann der Vergleich zwischen FeI (432,57 nm) und H_γ (434,04 nm) gelingen. Damit bleibt festzuhalten, dass das historische Spektrum für die Spektralklassifikation nur bedingt brauchbar ist. Daraus resultieren kann allerdings eine Verknüpfung des historischen Spektrums mit einem modernen Spektrum. Fragen, die durch das historische Spektrum nicht beantwortet werden können, könnten mit Hilfe eines modernen Spektrums geklärt werden. Anschließend wäre es möglich, zum historischen Spektrum für die weitere Auswertung zurückzukehren. Die Möglichkeiten, die dieses Vorgehen auf didaktischer Ebene böte, sind unter anderem Teil von Kapitel 5.

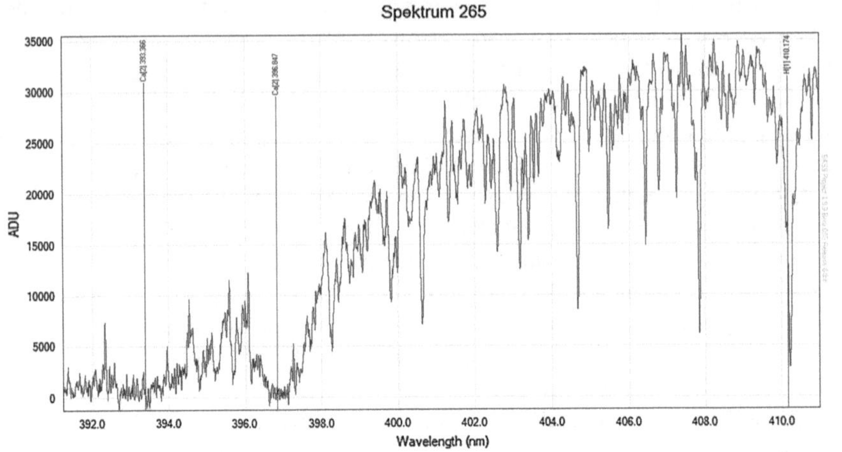

Abbildung 4.11 Zuschnitt auf den Bereich des Spektrums 265, an denen sich die CaII-Linien befinden müssten

4.4 Bestimmung der Astronomischen Einheit

Für die Bestimmung der Astronomischen Einheit werden die Linienverschiebungen der Spektren benötigt. Das Verfahren, das für alle 21 Platten dasselbe war, soll im Folgenden anhand Spektrum 260 näher erläutert werden. Der Prozess, der vor der Bestimmung der Linienverschiebungen stattfand, wurde in Abschnitt 4.3 erläutert. Ist das Spektrum in der Wellenlänge kalibriert, kann die durch den Dopplereffekt eingetragene Blau- oder Rotverschiebung bestimmt werden. Da das Spektrum von Alpha Persei ausgeprägte Eisenlinien aufweist (Lyubimkov et al., 2010), ist es möglich, auch anhand einiger dieser die Linienverschiebung zu bestimmen und damit dem Verfahren von Küstner zu folgen. Eine Alternative würde die Identifikation verschiedener Absorptionslinien wie etwa derer des Heliums oder anderer Elemente vorausgehen. Im Anschluss würde anhand der gemessenen Position im Vergleich zur Laborwellenlänge die Dopplerverschiebung bestimmt werden, eine verlässliche Kalibration der Wellenlänge vorausgesetzt. Allerdings wurde sich, wie eingangs beschrieben, innerhalb dieser Arbeit für erstere Methode entschieden. In Abbildung 4.12 wird der von Spektrum 260 ausgewertete kalibrierte Bereich zwischen 427 nm und 442 nm gezeigt. Für die Bestimmung der Verschiebung wurde sich einem Vorteil der digitalen Auswertung bedient. Das im Graphen von 4.12 dargestellte Spektrum wurde in BASS ein zweites Mal eingelesen, sodass auf dem zweiten Bild die Active-Binning-Region auf den Bereich der Eisenlinien gesetzt werden konnte. Die Kalibration fand an den Linien des Eisen statt und wurde von dem zuerst eingelesenen Spektrum schlicht auf das zweite Spektrum übertragen.

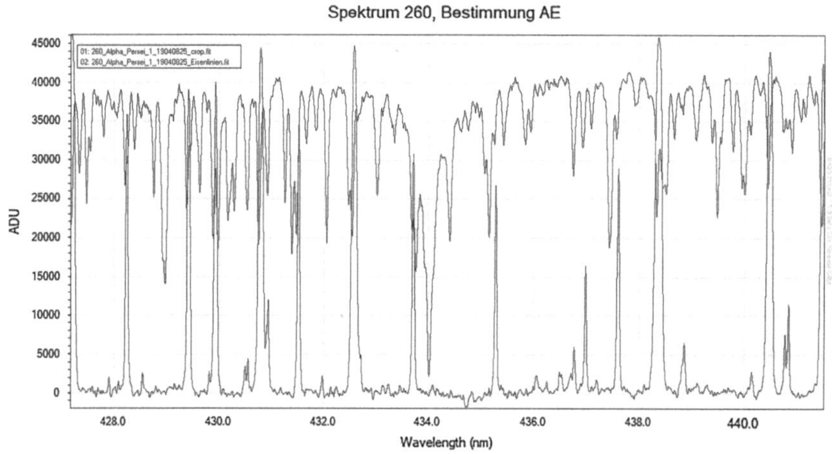

Abbildung 4.12 Auf 427 nm bis 442 nm zugeschnittenes Spektrum 260 zusammen mit den Eisenlinien, die der Kalibration dienten

Als Ergebnis wird ein Diagramm mit den Eisenlinien des Kalibrationsspektrums und dem Sternspektrum erhalten. Anhand der Maxima der ADU der Eisenlinien und der Minima der dazugehörigen Absorptionslinien kann dann die Verschiebung bestimmt werden. In Abbildung 4.13 wird dazu ein annotierter Ausschnitt von 437,5 nm bis 441,0 nm gezeigt. Der Übersichtlichkeit halber wurden die annotierten Wellenlängen und ihre Differenzen in Tabelle 4.2 eingetragen.

Die Maxima der Linien wurden stets so ermittelt, dass die Mitte des Pixels mit der höchsten ADU gewählt wurde. Nachdem händisch anhand verschiedener Linien ermittelt wurde, dass die Blauverschiebung im Bereich von 0,03 nm liegt, wurde das Eisenspektrum linear um -0,03 nm verschoben. Auf diesem Weg konnten die Folgenden in Tabelle 4.3 angegebenen Linien des Eisens, die sowohl im Kalibrationsspektrum wie auch im Spektrum von Alpha Persei aufzufinden waren, ermittelt werden. Auf diese Weise ließen sich sechs Linien, die für eine, im Rahmen des hier Möglichen, genaue Ausmessung geeignet sein könnten, identifizieren.

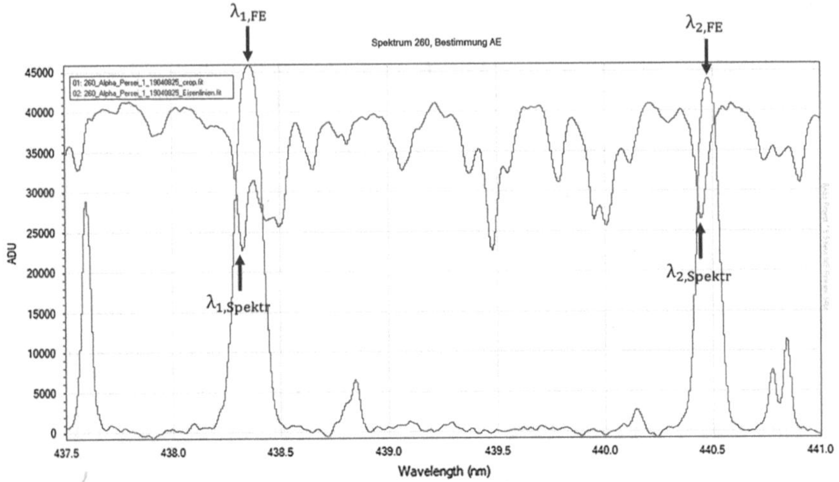

Abbildung 4.13 Auf 437,5 nm bis 441,0 nm zugeschnittenes Spektrum 260 mit annotierten Eisenlinien

Tabelle 4.2 Wellenlängen der annotierten Linien aus Abbildung 4.13. Der Literaturwert wurde Kramida und Ralchenko (1999) entnommen

Name	Linie 1	Linie 2
$\lambda_{Fe, Lit}$ [nm]	438,35447	440,47501
λ_{Fe} [nm]	438,358	440,480
λ_{Spektr} [nm]	438,324	440,447
Verschiebung [nm]	−0,034	−0,033

Tabelle 4.3 Linien des Eisens, anhand derer die Doppler-Verschiebung gemessen wurden, die Literaturwerte stammen aus Kramida und Ralchenko (1999)

Nummer	1	2	3
$\lambda_{Fe, Lit}$ [nm]	428,24026	429,41245	430,79020
Nummer	4	5	6
$\lambda_{Fe, Lit}$ [nm]	432,57616	438,35447	440,47501

Das Verfahren wurde mit allen 21 Platten durchgeführt. Dadurch, dass die Spektren in digitaler Form vorlagen und zur Auswertung nicht etwa unter einem Mikroskop eingespannt werden mussten, konnten auch die beschädigten Platten mit den Nummern 268 und 303 ausgewertet werden. Die einzelnen Ergebnisse der Auswertung können unter Anhang 3 im Elektronischen Zusatzmaterial gefunden werden.

Anhand der Auswertung aller Spektren wurde deutlich, dass die Linien 5 und 6 öfters von den restlichen Werten abwichen, sodass sich für die nachfolgende Berechnung der Astronomischen Einheit dazu entschieden wurde, diese Werte auszuschließen. Der Transparenz wegen soll auch eine Vergleichsrechnung stattfinden, in derer die Werte zu den Linien 5 und 6 miteinbezogen wurden. Weiter wurden nicht alle der ausgewerteten Platten auch für die Berechnung der Astronomischen Einheit herangezogen. Aus den verfügbaren Platten wurden jene ausgewählt, die mindestens 165 Tage auseinanderlagen. Aus den mithilfe von Gleichung (2.7) berechneten relativen Geschwindigkeiten wurden dann je Platte der Mittelwert gebildet. Die mittleren Geschwindigkeiten lassen sich in Tabelle 4.4 finden. Eine negative relative Geschwindigkeit entspricht dabei einer Blauverschiebung und eine positive relative Geschwindigkeit einer Rotverschiebung des Spektrums.

Tabelle 4.4 Berechnete mittlere relative Geschwindigkeiten der zur Berechnung der Astronomischen Einheit herangezogenen Platten

Platte	Datum	Geschwindigkeit [m/s]	Platte	Datum	Geschwindigkeit [m/s]
253	13.08.1904	−23326,97	349	08.02.1905	27514,36
260	25.08.1904	−24735,20	350	08.02.1905	25427,89
261	28.08.1904	−22821,64	352	09.02.1905	26653,40
262	28.08.1904	−22823,06	353	09.02.1905	26485,71
264	29.08.1904	−22466,43	357	13.02.1905	28740,03
265	29.08.1904	−22298,82			
266	30.08.1904	−22992,70			

Die Geschwindigkeiten setzen sich aus der Geschwindigkeit der Erde auf der Ekliptik und der Geschwindigkeit des Sterns zusammen. Anhand von Abbildung 4.14 lassen sich die Gleichungen (4.1) und (4.2) aufstellen. Ein lineares Gleichungssystem aus (4.1) und (4.2) führt zu Gleichung (4.3), mit der die Geschwindigkeit der Erde auf ihrer Bahn um die Sonne bestimmt werden kann. $v_{M,S}$ entspricht dabei der gemessenen Geschwindigkeit im Sommer, $v_{M,W}$ der gemessenen Geschwindigkeit im Winter, v_S der Geschwindigkeit des Sterns und v_E der Geschwindigkeit der Erde.

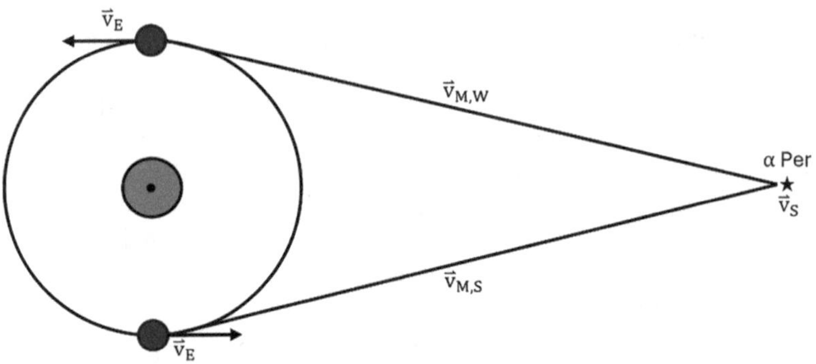

Abbildung 4.14 Bewegung der Erde auf der Ekliptik zu den Messzeiträumen

$$v_{M,S} = v_S - v_E \tag{4.1}$$

$$v_{M,W} = v_S + v_E \tag{4.2}$$

$$v_E = \frac{v_{M.S} - v_{M,W}}{-2} \tag{4.3}$$

Da Alpha Persei nicht auf der Ekliptikebene liegt, muss noch der in Abschnitt 2.8 beschriebene Korrekturfaktor verwendet werden. Abbildung 4.15 illustriert den Wert der Ekliptikalen Breite (β 30°06' 43" / 30,1649°) von Alpha Persei zum 30.08.1904 (Stellarium Developers, 2023).

Mit der Dauer eines Jahres (365,242 d) lässt sich dann der Umfang der Erdbahn bestimmen und aus diesem der Radius der Erdbahn, der der Astronomischen Einheit entspricht. Tabelle 4.5 listet die berechneten Ergebnisse auf und stellt sie mit dem Literaturwert und dem von Küstner ermittelten Wert (umgerechnet in Meter) gegenüber.

Tabelle 4.5 zeigt, dass der im Rahmen dieser Arbeit ermittelte Wert für die Astronomische Einheit in derselben Größenordnung wie der Literaturwert liegt und weiter, dass auch eine recht genaue Bestimmung der Astronomischen Einheit möglich war. Zwar zeigt sich, dass Küstners Wert trotz einer etwas zu großen Lichtgeschwindigkeit immer noch genauer war, allerdings muss dazu

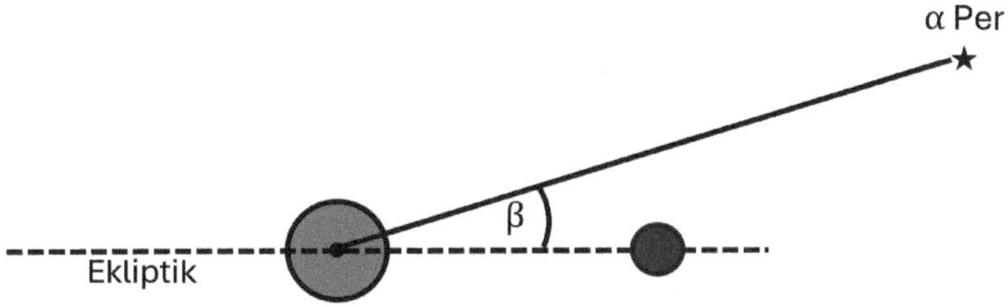

Abbildung 4.15 Abweichung von Alpha Persei von der Ekliptikebene mit ekliptikaler Breite β, nicht maßstabsgetreu

Tabelle 4.5 Gegenüberstellung der berechneten Werte mit dem ermittelten Wert von Küstner und dem heutig verwendeten Literaturwert (International Astronomical Union, 2012)

Name	Wert [m]	vom Literaturwert
AE_{1-6}	143061714836	0,9563
AE_{1-4}	145325660152	0,9714
$AE_{\text{Küstner}}$	148363461493	0,9917
$AE_{\text{Literatur}}$	149597870700	1

angemerkt werden, dass Küstner je 9 Platten auswertete und auch die Abweichungen der Erdbahn von der Form des Kreises berücksichtigte. Weiter zeigte sich, dass das Verfahren kritisch damit zusammenhängt, wie weit die Messzeiträume auseinanderliegen. Unter Berücksichtigung der zur Verfügung stehenden Mittel und im Anbetracht des Aufwandes, konnte ein zufriedenstellender Wert für die Astronomische Einheit ermittelt werden.

Mit Blick auf die Arbeitsmaterialien und deren Zweck wurde eine Fehlerbetrachtung bisher ausgelassen. Dennoch sollen die systematischen Fehler, die unterlaufen sein könnten, kurz diskutiert werden. Beginnend beim Scannen könnte es vorgekommen sein, dass die Platte selbst nicht im Fokus war. Weiter kann die Bitrate zu klein gewesen sein, um manche Helligkeitsabstufungen im Sternspektrum feststellen zu können. Beim Auswerten der Spektren war es unter Umständen schwierig, das korrekte Zentrum des Pixels zu ermitteln. Schon kleine Abweichungen könnten hier zu einem anderen Ergebnis geführt haben. Außerdem lagen Linien teils dicht beieinander, sodass Absorptionslinien fälschlicherweise für welche des Eisens angenommen hätten werden können. Eine Betrachtung unter Exklusion zweier Linien, die demnach vermutlich nicht zum Eisen gehörten, fand innerhalb dieses Kapitels statt und lieferte signifikant andere Werte. Weiter blieben damit nur vier Linien übrig. Dementsprechend hat die Differenz zwischen Absorptions- und Emissionslinie bei jeder einzelnen einen großen Einfluss auf das Ergebnis pro Platte.

Wie sich die in diesem Kapitel vorgestellten Inhalte in einen Arbeitsauftrag für Physikstudierende des Lehramts zusammenfügen ließen, wird im nächsten Kapitel behandelt.

5 Vorstellung der didaktischen Materialien

In den vorangegangenen Kapiteln wurde beschrieben, wie historische Sternspektren digitalisiert und auf welche Weise sie unter anderem ausgewertet werden können. Die Kapitel sollen als Grundlage für einen Vorschlag für didaktisches Arbeitsmaterial, das zwei mögliche didaktische Einsatzszenarien enthält, dienen, das im Folgenden vorgestellt werden soll. Zielgruppe des hier vorgestellten Vorschlags bilden Lehramtsstudierende für das Fach Physik. Inhaltlich wäre das Material in einem Praktikum zur Astrophysik-Vorlesung zu verorten. Vor allem deshalb, weil selbst aufgenommene Sternspektren zum Einsatz kommen sollen. Eine Umstrukturierung des Materials ist dabei nicht auszuschließen und wird auch im abschließenden Teil der Arbeit, dem Fazit, diskutiert. Das hier vorgestellte Arbeitsmaterial kann in Anhang 2 im elektronischen Zusatzmaterial gefunden werden.

Das Material gliedert sich im Wesentlichen in zwei Bereiche. Zuerst wird in die physikalischen Grundlagen und die Hintergründe der historischen Sternspektren eingeleitet. Abschließend werden als Teil der Arbeitsaufträge die notwendigen Vorbereitungen der Spektren beschrieben und daran anschließend die Arbeitsaufträge selbst. Die einzelnen Anweisungen sind dabei so gestaltet, dass sie die Studierenden zum selbstständigen Handeln und zu einem reflexiven Umgang mit den in der Lernumgebung gemachten Erfahrungen auffordern sollen. Zu Beginn wird allerdings, außerhalb der eben beschriebenen Unterteilungen, das Ziel der Lernumgebung, das Auswerten von (historischen) Spektren, die Zuordnung einer Spektralklasse und die Bestimmung der Astronomischen Einheit,

Ergänzende Information Die elektronische Version dieses Kapitels enthält Zusatzmaterial, auf das über folgenden Link zugegriffen werden kann https://doi.org/10.1007/978-3-658-50162-4_5.

M. zur Mühlen, *Auswertung historischer Sternspektren*, BestMasters,
https://doi.org/10.1007/978-3-658-50162-4_5

angegeben. Durch die Angabe des Ziels können die Studierenden erfahren, was von ihnen erwartet wird und in welchen groben Schritten sie die Lernumgebung abhandeln werden.

Die physikalischen Grundlagen untergliedern sich in verschiedene Themenbereiche. Fachliche Grundlage bilden dabei die Informationen, die in Kapitel 2 herausgearbeitet wurden. Bei den Grundlagen wurde dabei darauf geachtet, die Themen, in die eingeführt wird, so zu strukturieren, dass sie aufeinander aufbauen und vom Allgemeinen zum Speziellen führen. So soll den Studierenden die Möglichkeit gegeben werden, sich die Begriffe nacheinander zu erschließen und zu Begriffsnetzen zusammenzuführen zu können. Begonnen werden die Grundlagen, anders als in Kapitel 2, mit der Zerlegung von Licht in seine Bestandteile. Dafür wurden die zugrundeliegenden Methoden, die für die Erstellung des modernen und des historischen Spektrums angewendet wurden, kurz umrissen und mit den Gleichungen (2.8) (Gittergleichung) und (2.12) (Brechungsgesetz) in symbolischer Form dargestellt. Auf ikonische Darstellungen wird an dieser Stelle verzichtet, da sie keine zusätzlichen Informationen, die zur Erfüllung der Arbeitsaufträge nötig wären, beitragen würden. Weiter bietet die symbolische Form die eindeutigste Form der Darstellung, wenn es das Ziel ist, zu zeigen, von welchen Faktoren die Brechung und Beugung abhängig sind. Durch das Auslassen wird außerdem versucht, die Grundlagen im Sinne der Rekonstruktion (Kapitel 3) zielgerecht zu gestalten. Studierende, die ihr Wissen mit Blick auf die Beugung und Brechung von Licht auffrischen müssten, müssten dies demnach selbstständig an anderer Stelle tun, wobei die Literatur, aus der die Gleichungen stammen, im Literaturverzeichnis angegeben ist. Außerdem wurde nicht erwähnt, welche Methode dem historische Spektrum und welche dem modernen Spektrum, das die Studierenden in einem Praktikum, etwa mithilfe eines Baader DADOS® Spalt-Spektrographen mit Reflexionsgitter mit bevorzugter Beugungsrichtung, selbst aufnehmen könnten, zugrunde liegt. Weiter blieb mit Bezug auf Gleichung (2.12) (Gleichung (2) in den Arbeitsmaterialien) unerwähnt, dass der Brechungsindex sowohl vom Material wie auch von der Wellenlänge abhängt. An dieser Stelle wird, falls den Studierenden nicht bekannt, erwartet, dass sie, die Studierenden, selbstständig über die gegebenen Informationen hinaus recherchieren, von welchem weiteren Faktor (der Wellenlänge) der Brechungsindex unter anderem abhängig ist. Die Grundlagen zur Spektralklassifikation umreißen die Bestimmung der Spektralklasse anhand der Verfügbarkeit von Absorptionslinien in einem Sternspektrum, indem zuerst auf das Vorhandensein jener aufmerksam gemacht und daran anschließend Tabelle 2.2 (Übersicht Harvard-Spektralklassifikation) aus Abschnitt 2.5 gezeigt wird. Die Grundlagen zur Spektralklassifikation schließt dann das in Abschnitt 2.8 vorgestellte Flussdiagramm (Anhang 1 im elektronischen Zusatzmaterial) ab. Die Vorgabe genau dieses Flussdiagramms wurde getroffen, um es den Studierenden erst einmal grundsätzlich ermöglichen zu können, die Spektralklasse anhand der historischen Spektren so weit wie möglich zu bestimmen. Dass das historische Spektrum allein nicht reicht, wurde in Abschnitt 4.3 beschrieben, kann jedoch die Möglichkeit einer Verknüpfung mit einem modernen Spektrum, das etwa durch die Studierenden aufgenommen wurde, schaffen. Dieser Abschnitt ist ebenso wie jener davor aus den zugrundliegenden Elementen rekonstruiert worden. Weiter wurden die Wellenlängen für H_γ und H_δ angegeben, da beide Linien in den für das Arbeitsmaterial ausgewählten Spektren ausgeprägt erscheinen. So soll den Studierenden ein erster Anhaltspunkt beim Betrachten der unkalibrierten, nicht zugeschnittenen Spektren gegeben werden. Den Grundlagen zum Doppler-Effekt liegt vor allem, erneut mit Blick auf die ziel- und studierendengerechte Gestaltung, die fachliche Reduktion des Doppler-Effekts durch Beschränkung, wie auch in Abschnitt 2.8 und Abschnitt 4.4, auf den Fall von $v \ll c$ inne. Zur Berechnung der relativen Geschwindigkeiten wurde Gleichung (2.7) (nicht-relativistische Doppler-Verschiebung), die die Studierenden noch nach der Relativgeschwindigkeit umzustellen haben, vorgegeben. Die physikalischen Grundlagen schließen dann mit der Vorstellung der historischen Spektren. Dabei wurde kurz geschildert, zu welchem Zweck die Spektren von Küstner mit welcher Methode, aufgenommen wurden. Weiter wurde das Verfahren in kurzer Form beschrieben. Erneut soll damit ein Ausblick auf den noch folgenden Teil, die Abhandlung der Instruktionen, gegeben werden. Hinzugefügt ist außerdem eine Abbildung des Doppelrefraktors (Bonnstw, 2018), mit dem Küster die Spektren seinerzeit aufgenommen hat. Obwohl auch farbige Darstellungen zur Auswahl standen, wurde sich für ein Schwarz-Weiß-Bild entschieden, um den historischen Aspekt der Lernumgebung zu unterstreichen.

Der Abschnitt des Arbeitsauftrags unterliegt ebenfalls einer Untergliederung in zwei Bereiche. Zuerst wird beschrieben, wie die Spektren für die Verwendung mit BASS vorbereitet werden müssen. Dafür wurde darauf geachtet, dass das Verfahren anhand einer frei verfügbaren Software, GNU Image Manipulation Program (GIMP) (Kimball et al., 2024), beschrieben wird. Weiter wurde angegeben, was grundlegend bei der Verwendung mit BASS zu beachten ist, und die von Paraskeva (2019) erstellte Dokumentation zu BASS erwähnt. In die Vorbereitung miteingeschlossen wurde außerdem der Hinweis, die Spektren in der Wellenlänge zu kalibrieren. Für die Kalibration wurde Abbildung 4.8 (annotierte Eisenlinien) und Tabelle 4.1 (Wellenlängen der in Abbildung 4.8 annotierten Eisenlinien) an den Arbeitsauftrag angehangen. Alle 12 Linien des Eisens wurden angegeben, um einen bewussten Umgang mit den Emissionslinien zur Kalibration anzuregen. Weiter wurden als Informationen zu Alpha Persei Rektaszension, Deklination und ekliptikale Breite zum August 1904 und die Informationen zu den zur Verfügung gestellten historischen Spektren angegeben. Die Angabe der Koordinaten soll den Studierenden erleichtern, den noch nachfolgenden Arbeitsauftrag erfüllen zu können, da ein Heraussuchen der ekliptikalen Breite (etwa in der Software Stellarium) zum Datum abgenommen wird. Weiter wurde angegeben, zu welcher Tageszeit die Spektren aufgenommen wurden. Falls sie die Veröffentlichung „Eine spektrographische Bestimmung der Sonnenparallaxe“ von Küstner (1905) aufrufen sollten, würden sie gegenteilige Tageszeiten für die Jahreszeiten, in denen die Spektren aufgenommen wurden, vorfinden. So soll eventuell aufkommenden Problemen durch Fehlvorstellungen entgegengewirkt werden.

Als Spektren für den nachfolgend beschriebenen Arbeitsauftrag wurde sich, wie in Kapitel 4 begründet, für die Spektralklassifikation für Spektrum 265 und wie nachfolgend begründet für die Bestimmung der Astronomischen Einheit für die Spektren 264 und 352 (Zuschnitt auf den auszuwertenden Bereich in Abbildung 5.1 und Übersicht in Anhang 5 im elektronischen Zusatzmaterial) entschieden. Die entsprechenden in Anhang 6 im elektronischen Zusatzmaterial gegebenen Informationen zu den verwendeten Spektren wurden ebenfalls nach dem Arbeitsauftrag in tabellarischer Form aufgeführt. Sowohl Spektrum 264 als auch Spektrum 352 sind stark ausgeprägt und wiesen im Vergleich zu anderen Spektren einen dunklen Hintergrund und ausgeprägte Linien auf.

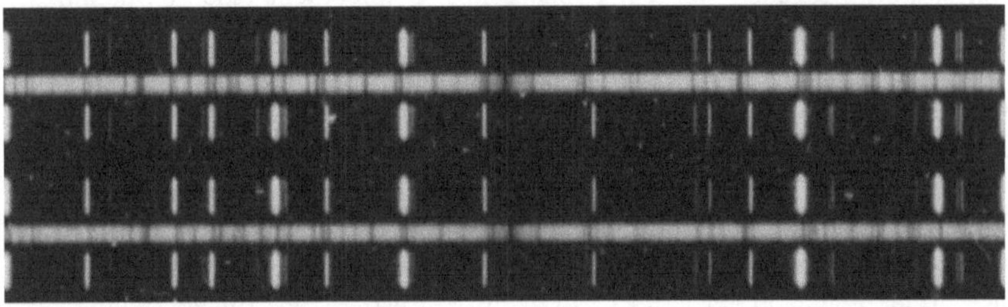

Abbildung 5.1 Zuschnitt auf den Bereich um H_γ, oben Spektrum 264, unten Spektrum 352

Der Wert, der für die Astronomische Einheit mithilfe der Spektren 264 und 352 durch die Studierenden ermittelt werden könnte, liegt bei ungefähr $1{,}426 \cdot 10^{11}$ m und damit ungefähr bei 95 % des hier verwendeten Literaturwerts für die Astronomische Einheit. Zwar gäbe es Spektrenpaare, deren ermittelter Wert näher an der Astronomischen Einheit läge, jedoch wurde sich bewusst dagegen und für die Spektren 264 und 352 entschieden, da sie, wie schon erwähnt, deutlich ausgeprägt sind und dieser Aspekt den Studierenden die Ermittlung der Linienverschiebung vereinfachen könnte.

Der Arbeitsauftrag untergliedert sich in drei Abschnitte. Zuerst wird die Bestimmung der Spektralklasse verlangt und daran anschließend die Bestimmung der Astronomischen Einheit. Welche Spektren (es werden drei zur Verfügung gestellt) jeweils verwendet werden sollen, wird aus den bisherig genannten Gründen vorgeschrieben. Das Material schließt ab mit reflexiven Fragen zur Bearbeitung und Einsatz des Materials in der Schule.

Im ersten Arbeitsauftrag, der Einordnung in eine Spektralklasse wird darauf hingewiesen, dass, falls das historische Spektrum nicht ausreichen sollte, das moderne Spektrum für einen Vergleich herangezogen werden kann. Dafür ist es nötig, dass die Studierenden das moderne Spektrum ebenfalls in der Wellenlänge kalibrieren. Die Kalibration muss allerdings anhand einer separaten Aufnahme erfolgen. An dieser Stelle müssten die Studierenden demnach im Selbststudium BASS kennenlernen und durch Auseinandersetzung mit der Software erlernen, wie sie das moderne Spektrum erfolgreich zur Bestimmung der Spektralklasse verwenden können. So könnten sie zu einem Vergleich der beiden Spektren gebracht werden und auch Vor- und Nachteile beider Methoden oder Aufnahmen für sich ermitteln. Wie in Abschnitt 2.6 aufgeführt, müssen die Spektren (das historische und das moderne) unterschiedlich kalibriert werden. Ihre Entscheidung über das Kalibrationspolynom sollen die Studierenden begründen. An dieser Stelle könnte die Aufgabe zu einem Problem überführt werden, indem sämtliche Hinweise über die erlaubte Verwendung des modernen Spektrums herausgenommen werden würden. In der im Anhang aufgeführten Fassung werden die Studierenden bisher aufgabentypisch geleitet. Der gesamten Aufgabe kann vor allem durch die Einbindung des modernen Spektrums ein Transfer zwischen enaktiver Handlung, ikonischer Darstellung und symbolischer Beschreibungen (etwa die einzelnen Wellenlängen) innewohnen. Die Studierenden könnten zudem einen Vergleich zwischen der historischen und der modernen Aufnahme, an deren Erstellung sie möglicherweise direkt und enaktiv beteiligt waren, ziehen. Dies könnte sie außerdem mit Blick auf den Aufwand, der zur Erstellung beider Spektren nötig war, dazu anregen, zu reflektieren, inwiefern sich Wissenschaft und insbesondere die Physik im Laufe der Zeit mit den technischen Möglichkeiten weiterentwickeln konnte.

Der zweite Arbeitsauftrag umfasst die Bestimmung der Astronomischen Einheit. Er unterteilt dabei den Weg zur Erreichung des Ziels in Zwischenschritte. Auf diese Weise soll die in Kapitel 3 angesprochene Passung zwischen der

Fähigkeit der Lernenden und der Anforderung des Arbeitsauftrags auf einem für die antizipierte Zielgruppe angemessenen Niveau liegen. Dabei sollen die aufgeführten Punkte a) bis g) nicht als exakte Anweisung auftreten, sondern die Studierenden zur ermittelten Astronomischen Einheit leiten. Innerhalb dieser Struktur wurden weitere, auch nicht-offensichtliche, Hilfestellungen gegeben. Bspw. wurde in Aufgabe c) das Adjektiv „korrekt" ergänzt, um darauf hinzuweisen, dass nicht alle Absorptionslinien zum Eisenspektrum gehören (siehe auch die Exklusion zweier Linien in Kapitel 4). Zu Aufgabe e) wird der Hinweis gegeben, die textliche Beschreibung des Systems Erde-Sonne-Alpha Persei in eine selbst erstellte ikonische Darstellung zu überführen. Anschließend könnten anhand dieser Darstellung die Beziehungen zwischen den unterschiedlichen Geschwindigkeiten in symbolische Form überführt werden. Dies könnte zum einen den Vorteil des Transfers zwischen den verschiedenen Darstellungsformen bieten und zum anderen das System Erde-Stern-Sonne in eine ikonische Form mit Linien übersetzen. Zu Aufgabe f) wird ebenfalls ein Hinweis gegeben, allerdings dieses Mal mit einer schon erstellten ikonischen Darstellung. Dafür wurde sich aus dem Grunde entschieden, da es ansonsten zu Schwierigkeiten bei der Bewältigung der Aufgabe kommen könnte. Außerdem kann es eine zielgerechte Reduktion abbilden, da Hintergrund der Aufforderungen die Bestimmung der Astronomischen Einheit durch Auswertung von Spektren und nicht etwa die Herleitung des Verfahrens, das durch den Arbeitsauftrag eingerahmt wird, ist. Jedoch bleiben im Verlauf der Instruktionen auch Schritte (wie etwa der Schritt von v_E zur Astronomischen Einheit oder die Wahl passender Absorptionslinien) unbekannt. Hierdurch soll versucht werden, immer wieder für die Studierenden eventuelle Probleme zwischen den einzelnen Anweisungen einzustreuen.

Der letzte Abschnitt der Lernumgebung umfasst Fragestellungen, die einen reflexiven Umgang mit den gemachten Erfahrungen anregen sollen. Zum einen werden dabei im Sinne der Physik Fragen gestellt und zum anderen mit Bezug zum Lehramt und dem Einsatz in der Schule. Die Fragen sollen dabei zum einen helfen, das Verfahren physikalisch zu hinterfragen (etwa durch Frage b) und c)) oder auch Schwachstellen der Methodik zu ermitteln (Frage a)). Die Fragen mit Bezug auf die Schule (d) bis f)) wurden gewählt, da sie einen Transfer zwischen Wissenschaft, Studium und Schule anregen könnten. Vor allem Aufgabe e) könnte die Studierenden dazu auffordern, die Verfahren zu hinterfragen und didaktische Reduktionen herbeizuführen, die ihrerseits zu einer tieferen Auseinandersetzung mit der Thematik beitragen könnten. Für die Eindeutigkeit des erwarteten Umfangs in der Beantwortung der Fragen, wird an einigen Stellen eine Begründung für die Entscheidungen der Studierenden eingefordert.

Mit dem hier vorgestellten Material wird in seiner Gesamtheit der Versuch unternommen, den Studierenden zu ermöglichen, sich die hinter den Aufgaben liegende Wissenschaft (bspw. sich für einen Stern nahe der Ekliptik entschieden zu haben) anzueignen und das Vorgehen, das zur Bestimmung der Astronomischen Einheit geführt hat, zu verstehen. Dabei könnte das Material als Vermittler und Moderator zwischen der von Küstner entwickelten Herangehensweise und den Studierenden dienen. Aufgrund dessen, dass die Studierenden keine unmittelbare Rückmeldung vom Material erhalten können, wurde versucht, in kleinen Schritten in die Lernumgebung einzuleiten und sie in immer größer werdenden Herausforderungen zu verlassen.

Fazit und Ausblick 6

Diese Arbeit befasste sich mit der Digitalisierung historischer astronomischer Aufnahmen und dem Einhauchen neuen Lebens ebendieser. Dazu wurde zuerst das Verfahren beschrieben, mit dem die verfügbaren Spektren digitalisiert wurden und daran anschließend eine dem Ziel dieser Arbeit dienliche Analyse der Ergebnisse der Digitalisierung durchgeführt. Dafür wurde betrachtet, wie sich die einzelnen Elemente der Fotoplatte und des Sternspektrums in der digitalen Darstellung wiederfinden lassen. Weiter wurde eingeordnet, inwiefern sich die historischen Spektren außerhalb ihres eigentlichen Zwecks für eine Bestimmung der Spektralklasse von Alpha Persei eignen könnten. Schließlich wurde die Astronomische Einheit unter Einbezug von 12 der insgesamt 21 Spektren auf ungefähr $1{,}453 \cdot 10^{11}$ m bestimmt, wobei dabei, mit Blick auf die Zielgruppe der Arbeitsmaterialien, Reduktionen in der Genauigkeit des Verfahrens vorgenommen wurden. Einen weiteren großen inhaltlichen Aspekt dieser Arbeit stellt der präsentierte und begründete Vorschlag für ein Arbeitsmaterial für Studierende des Master-Studiengangs Physik für das Lehramt dar. In ihm werden erst die zur Auswertung von Spektren nötigen Grundlagen beschrieben, daran anschließend die Voraussetzungen und notwendigen Schritte für eine erfolgreiche Verwendung mit einer Software zur Spektralanalyse und schließlich in Arbeitsaufträgen sowohl durch die Bestimmung der Spektralklasse geleitet wie auch durch die Bestimmung der Astronomischen Einheit nach Küstners Verfahren geführt. Das Material wird durch reflexive Fragen abgerundet, die die Studierenden zum einen auf physikalischer Ebene und zum anderen auf didaktischer Ebene zur Reflexion des bearbeiteten Materials auffordern sollen.

Es wurde damit versucht, Material zu entwickeln, das mit vorhandenen aber bisher unveröffentlichten historischen astronomisch relevanten Aufnahmen den

M. zur Mühlen, *Auswertung historischer Sternspektren*, BestMasters,
https://doi.org/10.1007/978-3-658-50162-4_6

Kontext einer Lernumgebung bildet. Diese Lernumgebung könnte dann bei Studierenden, die diese durchführen, zu einem tieferen Verständnis von Physik und Wissenschaftsgeschichte führen. Durch den Anreiz, den die Verknüpfung aus historischem mit modernem Material schaffen könnte, könnten die Studierenden einerseits für sich versuchen, einzuordnen, wie sich Wissenschaft und insbesondere Physik mit den zur Verfügung stehenden technischen Mitteln weiterentwickelt hat und andererseits, welche Vor- oder vielleicht auch Nachteile die Arbeit an historischen oder auch modernen Aufnahmen mit sich bringen könnten und das sowohl aus naturwissenschaftlicher Sicht der Physik wie auch aus didaktischer Sicht der Schule. Mit Blick auf die Physik als Naturwissenschaft wurde innerhalb Kapitel 4 versucht, zu evaluieren, inwiefern sich historische astronomische Aufnahmen nach der Digitalisierung, dessen Prozess selbst in zukünftigen Veröffentlichungen umfangreicher untersucht und diskutiert werden könnte, für die Auswertung mit moderner Software eignen könnten. Auf den ersten Blick scheinen die Spektren, die innerhalb dieser Arbeit auf die beschriebene Weise digitalisiert wurden, eine hohe Qualität zu liefern, die unter Umständen weitere Auswertungen ermöglichen könnte.

Jedoch müssen auch Grenzen, auf die gestoßen wurde, aufgezeigt werden. Beispielsweise können keine Informationen des Spektrums, die in der historischen Aufnahme (bspw. aufgrund des Verfahrens und des Materials, mit dem bzw. auf das die Spektren ursprünglich aufgenommen wurden) nicht vorhanden sind, zurückerhalten werden. Ein mit modernen Mitteln aufgenommenes Spektrum könnte gegenüber den historischen Spektren in solchen Aspekten im Vorteil sein. Weiter gestaltete sich die Auswertung der Spektren innerhalb Kapitel 4 als andauernd. Da jedes Spektrum für sich kalibriert werden muss, gestalten sich die immer wieder vorkommenden gleichen Schritte in der Auswertung (Bereiche festlegen, Kalibration durchführen) als zeitintensiv. In Bezug auf die Anforderung der konstruierten Lernumgebung an seine Lernenden, befindet es sich auf einem Niveau, das Studierenden angemessen scheint, jedoch für Schülerinnen und Schüler etwa der Sekundarstufe 1 reduziert werden müsste. Sowohl mit Blick auf die Methodik wie auch die physikalischen Grundlagen. An dieser Stelle wurden damit, für die Konstruktion, Einschränkungen möglicher Adressaten in Kauf genommen. Eine Umstrukturierung des Materials könnte Ziel weiterer Veröffentlichungen sein.

Nichtsdestotrotz ist das Potential, das die Spektren, sowohl mit Blick auf die naturwissenschaftliche als auch die didaktische Forschung, liefern können, nicht ausgeschöpft worden. Zukünftige Untersuchungen könnten sich zum einen tiefer mit den Limitationen der Digitalisierung und die unter Umständen durch den Scanner eingebrachten Veränderungen am Spektrum beschäftigen. Zum anderen könnten sie, in Hinsicht auf die didaktische Forschung, das motivationale Potential, das aus einer Verknüpfung von historischem mit modernem astronomischem Material in Verbindung mit modernen Auswertungsverfahren erwachsen könnte, beleuchten und ergründen. In Anlehnung an die eingangs zitierten Worte Küstners, könnte so ein festes Band zwischen Wissenschaftshistorie, Bildung und der Moderne geknüpft werden.

Literaturverzeichnis

alf Lyr. (2000). In M. Wenger, F. Ochsenbein, D. Egret, P. Dubois, F. Bonnarel, S. Borde, F. Genova, G. Jasniewicz, S. Laloe, S. Lesteven & R. Monier (Hrsg.), *The SIMBAD astronomical database.* arXiv. https://simbad.cds.unistra.fr/simbad/sim-id?Ident=*%20alf%20Lyr%20

alf Per. (2000). In M. Wenger, F. Ochsenbein, D. Egret, P. Dubois, F. Bonnarel, S. Borde, F. Genova, G. Jasniewicz, S. Laloe, S. Lesteven & R. Monier (Hrsg.), *The SIMBAD astronomical database.* arXiv. https://simbad.cds.unistra.fr/simbad/sim-id?Ident=*%20alf%20Per

And1mu. (2017). *EM-Wave noGIF.* Wikimedia Commons. https://commons.wikimedia.org/wiki/File:EM-Wave_noGIF.svg

ArchibaldWagner. (2025). *Double-Slit Experiment – sketch of geometry and definition of variables.* Wikimedia Commons. https://commons.wikimedia.org/wiki/File:Double-Slit_Experiment_–_sketch_of_geometry_and_definition_of_variables.svg

Astrobodger. (2024). *Basic Astronomical Spectroscopy Software* (Version 1.9.9 b8e) [Computer software]. BassSpectro@groups.io

astrojolo. (2020). *night-sky-spectrum.* https://astrojolo.com/more-than-pictures/night-sky-spectrum/

Bohr, N. (1913). I. On the constitution of atoms and molecules. *The London, Edinburgh, and Dublin Philosophical Magazine and Journal of Science, 26*(151), 1–25. https://doi.org/10.1080/14786441308634955

Bonnstw. (2018). *Doppelrefraktor Sternwarte Bonn 1902 Archiv Stw.Uni Bonn.* Wikimedia Commons. https://de.m.wikipedia.org/wiki/Datei:Doppelrefraktor_Sternwarte_Bonn_1902_Archiv_Stw.Uni_Bonn.jpg

Burkart, M. (2002). *Druckverbreiterung von Spektrallinien* [, Heidelberg University Library]. DataCite.

Cannon, A. J. & Pickering, E. C. (1912). Classification of 1,688 southern stars by means of their spectra. *Annals of the Astronomical Observatory of Harvard College*, 115–164. https://ui.adsabs.harvard.edu/abs/1912AnHar.56.115C/abstract

Cepheiden. (2007). *Komplexe Brechzahl von Siliciumdioxid 300 K.* Wikimedia Commons. https://commons.wikimedia.org/wiki/File:Komplexe_Brechzahl_von_Siliciumdioxid_300_K.svg

M. zur Mühlen, *Auswertung historischer Sternspektren*, BestMasters, https://doi.org/10.1007/978-3-658-50162-4

Das, T. & Banyal, R. K. (2021). Method for tilt correction of calibration lines in high resolution spectra. *Applied Optics, 60*(31), 9906. https://doi.org/10.1364/AO.434198

Demtröder, W. (2016). *Atome, Moleküle und Festkörper* (5., neu bearbeitete und aktualisierte Auflage). *Springer-Lehrbuch: Bd. 3.* Springer Spektrum. https://doi.org/10.1007/978-3-662-49094-5

Demtröder, W. (2017a). *Elektrizität und Optik* (7., korrigierte und erweiterte Auflage). *Springer-Lehrbuch: Bd. 2.* Springer. http://www.springer.com/de/book/9783662557907 https://doi.org/10.1007/978-3-662-55790-7

Demtröder, W. (2017b). *Kern-, Teilchen- und Astrophysik* (5. Auflage). *Springer-Lehrbuch: Bd. 4.* Springer Spektrum. https://doi.org/10.1007/978-3-662-52884-6

Dicklyon. (2009). *Refraction_-_Huygens-Fresnel_principle.* Wikimedia Commons. https://commons.wikimedia.org/wiki/File:Refraction_-_Huygens-Fresnel_principle.svg

Dudenredaktion. (o.D.a). *Didaktik.* https://www.duden.de/node/32548/revision/1428612

Dudenredaktion. (o.D.b). *Szenario.* https://www.duden.de/node/178535/revision/1289334

Edelmann, W. & Wittmann, S. (2019). *Lernpsychologie: Mit Online-Material* (8., vollständig überarbeitete Auflage). Beltz.

Energy Institute. (2023). *Weltweiter Primärenergieverbrauch in den Jahren von 1980 bis 2022 (in Exajoule).* https://de.statista.com/statistik/daten/studie/42226/umfrage/welt-insgesamt-verbrauch-an-primaerenergie-in-millionen-tonnen-oelaequivalent/

FITS Working Group. (2016). *Definition of the Flexible Image Transport System (FITS): The FITS Standard.* https://fits.gsfc.nasa.gov/standard40/fits_standard40aa-le.pdf

Fraunhofer, J. (1815). Bestimmung des Brechungs- und Farbenzerstreuungs-Vermögens verschiedener Glasarten: in Bezug auf die Vervollkommnung achromatischer Fernröhre. *Denkschriften der Akademie der Wissenschaften München*(05), 193–226. https://www.zobodat.at/pdf/Denk-Aka-Wiss-Muenchen_05_0193-0226.pdf

Fraunhofer-Gesellschaft zur Förderung der angewandten Forschung e.V., OrbiTeam Software GmbH & Co. KG, Forschungszentrum Jülich GmbH, Ruhr-Universität Bochum, Technische Universität Darmstadt, Universität Stuttgart & ZEDO – Zentrum für Beratungssysteme in der Technik Dortmund e. V. (o.D.). *Plancksches Strahlungsgesetz-Plancksches Strahlungsgesetz2.* https://www.enargus.de/wiki/?q=Plancksches%20Strahlungsgesetz

GeoGebra. (2023). *GeoGebra* (Version 6.0.779.0) [Computer software]. https://www.geogebra.org

HD 172449. (2000). In M. Wenger, F. Ochsenbein, D. Egret, P. Dubois, F. Bonnarel, S. Borde, F. Genova, G. Jasniewicz, S. Laloe, S. Lesteven & R. Monier (Hrsg.), *The SIMBAD astronomical database.* arXiv. https://simbad.cds.unistra.fr/simbad/sim-id?Ident=HD%20172449%20

Hecht, E. (2023). *Optik* (K. Lippert, Übers.) (8. Auflage). *De Gruyter Oldenbourg Studium.* De Gruyter Oldenbourg. https://www.degruyter.com/isbn/9783111025254 https://doi.org/10.1515/9783111025599-201

Helmke, A. (2009). *Unterrichtsqualität und Lehrerprofessionalität: Diagnose, Evaluation und Verbesserung des Unterrichts; Franz Emanuel Weinert gewidmet* (1. Aufl.). Kallmeyer; Klett Kallmeyer. http://www.socialnet.de/rezensionen/isbn.php?isbn=978-3-7800-1009-4

Hoyningen-Huene, P. (2008). Systematicity: The Nature of Science. *Philosophia, 36*(2), 167–180. https://doi.org/10.1007/s11406-007-9100-x

International Astronomical Union. (2012). *RESOLUTION B2: on the re-definition of the astronomical unit of length.* https://www.iau.org/static/resolutions/IAU2012_English.pdf

Jkrieger & MaxxL. (2016). *Interferenz sinus.* Wikimedia Commons. https://commons.wikimedia.org/wiki/File:Interferenz_sinus.svg

Joachim Terschluesen. (2016). *Diffraction from a blazed grating.* https://commons.wikimedia.org/wiki/File:Diffraction_from_a_blazed_grating.svg

Kaushik, S. & Kumar, B. (Hrsg.). (2023). *De Gruyter Graduate. Analytical methods in chemical analysis: An introduction.* De Gruyter. https://www.degruyter.com/isbn/9783110794809

Kelvin13, & Mputzlocher, Sun poster de n.svg, *https://commons.wikimedia.org/wiki/File:Sun_poster_de_n.svg*, https://commons.wikimedia.org/wiki/File:Sun_poster_de_n.svg (2019).

Kimball, S., Mattis, P. & GIMP-Entwicklerteam. (2024). *GNU Image Manipulation Program GIMP* (Version 2.10.38) [Computer software]. https://www.gimp.org/downloads/

Kircher, E. & Girwidz, R. (2020). Elementarisierung und didaktische Rekonstruktion. In E. Kircher, R. Girwidz & H. E. Fischer (Hrsg.), *Physikdidaktik | Grundlagen* (S. 155–197). Springer Berlin Heidelberg. https://doi.org/10.1007/978-3-662-59490-2_5

Kircher, E., Girwidz, R. & Fischer, H. E [Hans Ernst] (Hrsg.). (2020a). *Physikdidaktik* (4. Auflage). Springer Spektrum.

Kircher, E., Girwidz, R. & Fischer, H. E [Hans E.]. (2020b). Themen der Physikdidaktik. In E. Kircher, R. Girwidz & H. E. Fischer (Hrsg.), *Physikdidaktik | Grundlagen* (S. 1–24). Springer Berlin Heidelberg. https://doi.org/10.1007/978-3-662-59490-2_1

Kirchhoff, G. R. & Bunsen, R. W. E. (1861). XXIV. – On chemical analysis by spectrum-observations. *Q. J. Chem. Soc.*, *13*(3), 270–289. https://doi.org/10.1039/QJ8611300270

KPNO, AURA, NOAO & NSF. (2001). *Stellar Spectral Types: OBAFGKM.* https://apod.nasa.gov/apod/ap010530.html

Kramida, A. & Ralchenko, Y. (1999). *NIST Atomic Spectra Database, NIST Standard Reference Database 78.* https://doi.org/10.18434/T4W30F

Krieger, H. (2023). *Grundlagen der Strahlungsphysik und des Strahlenschutzes* (7., aktualisierte und erweiterte Auflage). *Lehrbuch.* Springer Spektrum. https://link.springer.com/978-3-662-67609-7

Kurzmann, P. (2014). *Die neolithische Sternkarte von Tal-Qadi auf Malta.* https://www.archaeologie-online.de. https://www.archaeologie-online.de/artikel/2014/die-neolithische-sternkarte-von-tal-qadi-auf-malta/

Küstner, F. (1904). Spektrographische Beobachtungen am Bonner Refraktor. *Astronomische Nachrichten*, *166*(12–13), 177–206. https://doi.org/10.1002/asna.19041661202

Küstner, F. (1905). Eine spektrographische Bestimmung der Sonnenparallaxe. *Astronomische Nachrichten*, *169*(16–17), 241–264. https://doi.org/10.1002/asna.19051691602

Küstner, F. (1919). Astronomie. *Die Naturwissenschaften*, *7*(31), 537–542. https://doi.org/10.1007/BF01491649

Kyba, C. C. M., Altıntaş, Y. Ö., Walker, C. E. & Newhouse, M. (2023). Citizen scientists report global rapid reductions in the visibility of stars from 2011 to 2022. *Science (New York, N.Y.)*, *379*(6629), 265–268. https://doi.org/10.1126/science.abq7781

Lykke, K. R., Murray, K. K. & Lineberger, W. C. (1991). Threshold photodetachment of H-. *Physical review. A, Atomic, molecular, and optical physics*, *43*(11), 6104–6107. https://doi.org/10.1103/PhysRevA.43.6104

Lyubimkov, L. S., Lambert, D. L., Rostopchin, S. I., Rachkovskaya, T. M. & Poklad, D. B. (2010). Accurate Fundamental Parameters or A, F, and G-type Supergiants in the Solar Neighbourhood. *Monthly Notices of the Royal Astronomical Society, 402*(2), 1369–1379. https://doi.org/10.1111/j.1365-2966.2009.15979.x

Mercier, M. & Heering, P. (2021). Historische Experimente in die Lehrkräftebildung integrieren. In M. Kubsch, S. Sorge, J. Arnold & N. Graulich (Hrsg.), *Lehrkräftebildung neu gedacht: Ein Praxishandbuch für die Lehre in den Naturwissenschaften und deren Didaktiken* (72–80). Waxmann Verlag.

Morgan, W. W., Keenan, P. C. & Kellman, E. (1943). *An atlas of stellar spectra, with an outline of spectral classification.*

Musk, E. (2024). X. https://x.com/elonmusk/status/1769605796772331537

Mu301. (2008). *Pn-junction-equilibrium.png.* Wikimedia Commons. https://commons.wikimedia.org/wiki/File:Pn-junction-equilibrium.png

Neumeier, K. (2024). *Grundwissen Klassische Fotografie.* https://www.fotografie-in-schwarz-weiss.de/images/stories/fotografie/wissen/Wissen_gesamt.pdf

NIST. (2022a). elementary charge. In National Institute of Standards and Technology (Hrsg.), *The NIST Reference on Constants, Units and Uncertainty.* https://physics.nist.gov/cgi-bin/cuu/Value?e

NIST. (2022b). Planck constant. In National Institute of Standards and Technology (Hrsg.), *The NIST Reference on Constants, Units and Uncertainty.* https://physics.nist.gov/cgi-bin/cuu/Value?h

NIST. (2022c). Rydberg constant. In National Institute of Standards and Technology (Hrsg.), *The NIST Reference on Constants, Units and Uncertainty.* https://physics.nist.gov/cgi-bin/cuu/Value?ryd

NIST. (2022d). speed of light in vacuum. In National Institute of Standards and Technology (Hrsg.), *The NIST Reference on Constants, Units and Uncertainty.* https://physics.nist.gov/cgi-bin/cuu/Value?c

OpenStax. (2017). *Astronomy.* https://pressbooks.online.ucf.edu/astronomybc/

Paraskeva, J. (2019). *BASS Project User Guide: Basic Astronomical Spectroscopy Software.*

Peterson, D. M., Hummel, C. A., Pauls, T. A., Armstrong, J. T., Benson, J. A., Gilbreath, G. C., Hindsley, R. B., Hutter, D. J., Johnston, K. J., Mozurkewich, D. & Schmitt, H. R. (2006). Vega is a rapidly rotating star. Vorab-Onlinepublikation. https://doi.org/10.48550/arXiv.astro-ph/0603520

Pickles, A. J. (1998). A Stellar Spectral Flux Library: 1150–25000 Å. *Publications of the Astronomical Society of the Pacific, 110*(749), 863–878. https://doi.org/10.1086/316197

Pleiades Astrophoto. (2024). *PixInsight* (Version 1.8.9–3) [Computer software]. pixinsight.com

Rheinberg, F. & Engeser, S. (2018). Intrinsische Motivation und Flow-Erleben. In J. Heckhausen & H. Heckhausen (Hrsg.), *Springer-Lehrbuch. Motivation und Handeln* (5., überarbeitete und erweiterte Auflage, S. 423–450). Springer. https://doi.org/10.1007/978-3-662-53927-9_14

Röser, H.-J. & Voigt, H.-H. (Hrsg.). (2012). *Abriss der Astronomie* (6., wesentl. überarb. und erw. Aufl.). Wiley-VCH.

Schoenfeld, A. H. (1988). *Mathematical problem solving* [Nachdr.]. Academic Press.

Scholz, M. (2018). *Die Physik der Sterne: Aufbau, Entwicklung und Eigenschaften. Springer eBook Collection.* Springer Spektrum. https://doi.org/10.1007/978-3-662-57801-8

Seiko Epson Corporation. (2020). *Benutzerhandbuch Epson Perfection V800 Photo/V850 Pro.* https://download.epson-europe.com/pub/download/6452/epson645294eu.zip

Seiko Epson Corporation & Independent JPEG Group. (2023). *EPSON Scan 2* (Version 6.6.64.0) [Computer software]. https://download.epson-europe.com/pub/download/6557/epson655705eu.exe

Song, I.-O. (2015). A handy Spectrograph and its Application in astronomical Education. *Publications of The Korean Astronomical Society, 30*(2), 757–759. https://doi.org/10.5303/PKAS.2015.30.2.757

Spigget. (2010). *Dispersive Prism Illustration.* Wikimedia Commons. https://commons.wikimedia.org/wiki/File:Dispersive_Prism_Illustration.jpg

Stellarium Developers. (2023). *Stellarium* (Version 23.3) [Computer software]. https://stellarium.org/

Stiller, D., Krichel, K. & Schwarz, W. (2021). *Heuristik im Mathematikunterricht: Bedeutung des Problemlösens in der Geschichte und seine didaktische Funktion für die Zukunft.* Springer Spektrum.

Teubner, U. & Brückner, H. J. (2024). *Optical imaging and photography: Imaging optics, sensors and systems* (2nd revised and extended edition). *De Gruyter Reference.* De Gruyter. https://www.degruyter.com/isbn/9783110789904

Tremp, P. (2022). Studieren als Modus der Wissenschaftsaneignung. In G. Reinmann & R. Rhein (Hrsg.), *Wissenschaftsdidaktik Series: v.1. Wissenschaftsdidaktik I: Einführung* (1st ed., S. 181–195). transcript Verlag.

Vallastro. (2021). *Gaussian, Lorentzian and Voigt profiles*. Wikimedia Commons. https://commons.wikimedia.org/wiki/File:Gaussian,_Lorentzian_and_Voigt_profiles.png

Walz, G. (2016). *Lexikon der Mathematik: Moo bis Sch* (2nd ed.). Springer Berlin Heidelberg. http://gbv.eblib.com/patron/FullRecord.aspx?p=4751412

Wiese & Fuhr (2009). Accurate Atomic Transition Probabilities for Hydrogen, Helium, and Lithium. *Journal of Physical and Chemical Reference Data, 38*(3), 565–720. https://doi.org/10.1063/1.3077727

Wildt, R. (1939). Negative Ions of Hydrogen and the Opacity of Stellar Atmospheres. *The Astrophysical Journal, 90*, 611. https://doi.org/10.1086/144125

Williams, D. R. (2024). *Sun Fact Sheet.* NASA Goddard Space Flight Center. https://nssdc.gsfc.nasa.gov/planetary/factsheet/sunfact.html

Wischnewski, E. (2021). *Astronomie in Theorie und Praxis: Kompendium und Nachschlagewerk mit Formeln, Fakten, Hintergründen.* Dr. Erik Wischnewski und seine Lizenzgeber

FSC
www.fsc.org
MIX
Papier | Fördert gute Waldnutzung
FSC® C083411

Kolibri 360 GmbH
Ferdinand-Jühlke-Straße 7
99095 Erfurt, Deutschland
produktsicherheit@kolibri360.de